普通高等教育新工科机器人工程系列教材

协作机器人

——感知、交互、操作与控制技术

主　编　刘　星

参　编　刘正雄　黄攀峰

机械工业出版社

当前，协作机器人已成为机器人研究、开发与应用的主流。本书较为系统地介绍了协作机器人的基本概念及其在感知、交互、操作与控制等领域的关键技术，能够帮助读者了解并快速走上协作机器人的研究、开发之路。本书共13章，分别为协作机器人概论、协作机器人运动学、协作机器人动力学、协作机器人感知、协作机器人力控制、协作机器人阻抗控制、人-机器人交互技术、机器人-环境交互技术、协作机器人操作技能学习、车臂复合协作机器人、协作机器人在航空航天领域的应用、协作机器人仿真实验，以及协作机器人发展趋势。

本书可作为高等院校机器人工程、自动化、计算机、机械工程、航空航天及相关专业研究生和高年级本科生的辅助教材，也可供研究开发人员、工程技术人员及自学者参考。

图书在版编目（CIP）数据

协作机器人：感知、交互、操作与控制技术 / 刘星主编. -- 北京：机械工业出版社，2024.8. --（普通高等教育新工科机器人工程系列教材）. -- ISBN 978-7-111-76606-3

Ⅰ. TP24

中国国家版本馆 CIP 数据核字第 2024G13C25 号

机械工业出版社（北京市百万庄大街22号　邮政编码100037）
策划编辑：张振霞　　　　　　责任编辑：张振霞　赵晓峰
责任校对：樊钟英　丁梦卓　　封面设计：马若漾
责任印制：刘　媛
北京中科印刷有限公司印刷
2024年11月第1版第1次印刷
184mm×260mm · 11.25印张 · 273千字
标准书号：ISBN 978-7-111-76606-3
定价：45.00 元

电话服务　　　　　　　　　　网络服务
客服电话：010-88361066　　　机　工　官　网：www.cmpbook.com
　　　　　010-88379833　　　机　工　官　博：weibo.com/cmp1952
　　　　　010-68326294　　　金　书　网：www.golden-book.com
封底无防伪标均为盗版　　机工教育服务网：www.cmpedu.com

序　言

在科技日新月异的今天，机器人技术作为推动社会进步与产业升级的重要力量，正以前所未有的速度改变着我们的生产生活方式。从工业流水线上的精密操作到家庭服务中的温馨陪伴，从深海探索的勇敢前行到太空遨游的壮丽征程，机器人的身影无处不在，它们不断拓展着人类能力的边界。在这一波澜壮阔的变革浪潮中，《协作机器人——感知、交互、操作与控制技术》一书的问世，无疑为探索机器人技术新边疆的学者与工程师们提供了一份宝贵的指南。

协作机器人，作为机器人技术的一个重要分支，以其安全、灵活、易于集成的特性，在制造业、服务业乃至医疗、教育等多个领域展现出巨大的应用潜力。它不仅能够与人类在同一空间内安全高效地协同工作，提升生产效率与质量，更在促进人机和谐共生、推动产业智能化升级方面发挥着不可替代的作用。因此，深入研究协作机器人关键技术，对于把握未来科技发展趋势、推动经济社会可持续发展具有重要意义。

《协作机器人——感知、交互、操作与控制技术》一书，系统而全面地覆盖了协作机器人领域的核心知识体系。从感知技术出发，探讨了机器人如何通过视觉、触觉、力觉等多种传感器获取环境信息，实现对外界世界的精准感知；进而深入到交互技术，分析了机器人如何理解人类意图，以及如何通过自然语言、手势等多种方式与人类进行有效沟通；在操作与控制技术部分，详细阐述了机器人运动规划、力控制、柔顺控制、操作技能学习等关键技术，以及如何通过先进的控制算法实现复杂任务下的精准操作与高效执行。

尤为值得一提的是，本书不仅注重理论知识的阐述，更强调实践应用的指导，以帮助读者将所学知识转化为解决实际问题的能力，为未来的科研与工程实践打下坚实的基础。

随着机器学习、具身智能、生成式模型等技术的不断发展与创新，协作机器人的智能化水平将持续提升，应用领域也将进一步拓展。面对这一充满挑战与机遇的未来，我们期待《协作机器人——感知、交互、操作与控制技术》能够成为广大学生及科研人员探索未知、攀登高峰的得力助手。同时，也呼吁更多有志之士加入到这一激动人心的领域中来，共同推动协作机器人技术的发展，为构建更加智能、和谐、可持续的人类社会贡献力量。

在此，我衷心祝愿《协作机器人——感知、交互、操作与控制技术》一书能够成为连接理论与实践的桥梁，激发更多创新思维的火花，引领我们共同迈向协作机器人技术的新时代。

西安交通大学　梅雪松

前　言

随着我国机器人应用领域的不断拓展，传统工业机器人已不能满足当前社会生产和生活的需求。机器人与人在共享的工作空间中协作完成复杂的任务，已成为机器人行业新的发展趋势。这一新的发展趋势对机器人的安全性和可操作性提出了更高的要求。感知、交互、操作和控制是应对这一要求的关键技术。

传统工业机器人缺乏感知能力，通常采用高刚度的位置控制模式，柔顺性差，难以适应人机协作的生产环境，一旦出现碰撞操作人员或障碍物的情况，可能会造成严重的安全事故，存在较大的安全隐患。传统的解决方案是将机器人视为危险源，通过围栏等设施建立隔离空间，同时通过复杂的编程与严格的管理来提高机器人系统的安全性，无法实现人机协作。新型机器人为了完成越来越多样化的任务，非常注重人机协作。未来将是人-机器人共融的时代，因此研发具有多模态感知、流畅人机交互和高性能操作控制功能的协作机器人在工程实践中具有重要的意义。

在国防军工、航空航天、灾难救援等复杂或极端危险的作业领域，协作机器人代替或协助操作人员完成作业任务也已成为重要的发展趋势，非结构化的工作环境以及复杂的作业任务对于机器人的感知、认知、决策、行动等都提出了更高的要求。人机协同完成复杂作业任务成为当前的最佳解决方案。本书将为相关领域的从业者提供重要理论、方法及应用参考。希望本书的出版能够对我国协作机器人的研究和应用起到推动的作用。

本书的编写受到西北工业大学"十四五"研究生教材建设项目的资助。本书在编写过程中，得到了西北工业大学航天学院黄攀峰教授、刘正雄教授、常海涛副研究员等的大力支持，课题组研究生郭琪、王高照、刘子昊、李冰倩等在本书的校稿方面付出了大量劳动。本书的很多想法来源于编者在新加坡国立大学葛树志教授实验室联培时的研究工作，在此向葛树志教授表示衷心的感谢。编者的博士生导师，西安交通大学梅雪松教授对本书进行了审阅并作序，在此一并感谢。

由于编者能力有限，同时协作机器人作为一个新生事物还在不断发展当中，因此书中难免存在纰漏，恳请各位读者批评指正。

编　者

目 录

第1章

协作机器人概论

随着对智能制造、助老助残、医疗康复、娱乐陪伴等机器人应用领域研究兴趣的增长，人们期望机器人能够在复杂且未知的社会化环境中工作。协作机器人（Collaborative Robots，Cobots）因能够胜任这类工作而得到了迅速的发展，在越来越多的应用场合中受到青睐。协作机器人与传统工业机器人的本质差异在于传统工业机器人要求高精度和高可重复性，而协作机器人则关注安全问题以及与人和环境之间的交互协作。此外，大多数工业机器人被预先编程，并被置于固定环境中工作。换言之，如果工作环境中存在不确定性因素，则工业机器人将无法正常工作。与传统工业机器人不同，协作机器人能够以安全和舒适的方式与人类和环境进行交互。协作机器人不仅是具有预定义功能的自动化机器，还能够理解、学习和适应人类及周围环境。目前，协作机器人尚有许多具有挑战性的问题有待解决，其中机器人感知、交互、操作以及控制是研究重点和核心技术，也是本书的重点内容。

1.1 协作机器人基本概念

按照 GB 11291.2—2013《机器人与机器人装备　工业机器人的安全要求：第 2 部分　机器人系统与集成》及 GB/T 36008—2018《机器人与机器人装备　协作机器人》的定义，协作机器人（Collaborative Robots，Cobots）是指在确定的协作工作空间内与人直接交互的机器人。协作机器人应具有足够的安全性，可以融入人类工作环境，与人形成一种工作伙伴的关系，相互支持、相互协助。

具体来说，协作机器人指的是一种能够在共享工作空间中实现人-机器人交互并执行协作任务的机器人系统，典型的协作机器人如图 1-1 所示。人机协作过程能够将机器人的优势（高水平的准确性、速度和可重复性）与人类的灵活性和知识技能相结合。为了实现高效的人机协作，仍需要应对两个重要的挑战：一是必须保证互动过程是安全的，避免操作者在工作的过程中受到伤害；二是以复杂、动态、开放的操作环境为特征，机器人受外界复杂环境的约束，在目前的技术水平下应该探索更为灵活的、可操作性更强的解决方案，如灵活的机器人设备和人参与的智能决策平台相结合。

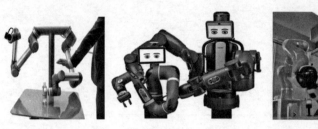

图 1-1 典型的协作机器人

协作机器人正逐渐融入人类社会，与人类、其他机器人或非结构化环境等进行密切和复杂的交互，使得机器人的工作模式正发生革命性变化，从传统安全围栏工作模式到协作操作模式，如图 1-2 所示。协作机器人是下一代机器人的主要发展方向，其智能感知以及柔顺控制技术对于实现安全稳定的协作交互至关重要。

图 1-2 从传统安全围栏工作模式到协作操作模式

协作机器人通常具有以下特点：

1）协作机器人通常具有质量轻、安全性高、对环境的感知适应性好，人机交互能力强等优点，能够满足任务多样性和环境复杂性的要求，用于执行与未知环境和人发生交互作用的操作任务。

2）为了实现与外界环境和人的安全交互与协作，协作机器人既需要具有轻量化的机械本体结构，还必须具备柔顺运动性能。

传统工业机器人与协作机器人应用场合对比如图 1-3 所示。传统工业机器人适用于大规模重复生产、简单繁重的劳动、生产环境隔离等作业场景。而协作机器人由于具有环境感知、人机协作、环境共融等特点，适用于定制化、小批量、人机协作作业等生产场合，具体如下：

传统工业机器人缺乏环境感知能力，且柔顺性和安全性不足，无法适应新的工作模式；协作机器人能够实现的环境共融是未来机器人应用的主要形式，机器人的安全性和可操作性是协作机器人发展的核心需求，环境感知和交互行为控制是应对这一需求的关键技术。

环境感知和交互行为控制是协作机器人非常重要的共性核心技术。环境感知技术包括力觉感知、视觉感知、环境建模、场景理解等，交互控制技术包括力位混合控制、阻抗控制、动态行为控制等。

区别于能够独立完成任务的传统工业机器人，协作机器人需要"人机协作"一起完成任务。目前，多数协作机器人和工人在同一个空间工作，但协作机器人和工人的任务有先后顺序，而并非同时完成。随着协作机器人的发展，未来将实现工人和协作机器人同时工作且

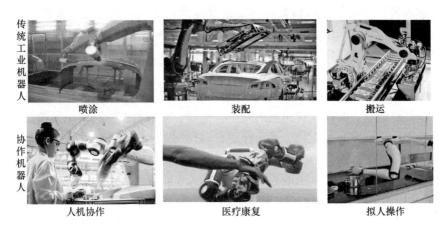

图 1-3　传统工业机器人与协作机器人应用场合对比

实时响应的工作模式。

根据国际机器人联合会（IFR）的数据，2020 年全球协作机器人新增安装量为 2.2 万台，相比于 2019 年的增速为 4.8%，远超传统工业机器人 0.3% 的增速。同时，根据高工产业研究院的数据，2020 年我国协作机器人相比于 2019 的销量增速为 20.9%，高于整体工业机器人的销量增速（19.4%）。可见，协作机器人的发展不容小觑。

1.2　协作机器人国外发展现状

协作机器人的想法起源于 1995 年通用汽车基金会（GM Motor Foundation）赞助的一个项目，该项目旨在研究如何辅助装配线上的操作人员更好地完成装配作业。研究人员提出采用机器人辅助操作并找出使其足够安全的方法，以便机器人能与工人协同工作。1996 年，由美国西北大学的 Colgate 教授和 Peshkin 教授发表的论文中首次提出了协作机器人的概念。而协作机器人的快速发展则是始于 2005 年由欧盟第六框架计划资助的中小企业（Small and Medium-sized Enterprises，SME）机器人项目，并持续得到欧盟第七框架计划的资助，ABB、KUKA 等机器人厂商均参加了该项目。该项目旨在通过机器人技术增强中小企业的劳动力水平，降低其成本。从这个角度看，设计协作机器人的初衷是为了满足中小企业的生产需求。然而，协作机器人出现的根本原因则是与传统工业机器人无法满足纷繁复杂的产品生产要求密切相关。传统工业机器人是一种能进行高速、高刚度、高精度重复操作的自动化设备，主要应用是在结构化环境中独立完成操作任务。传统工业机器人要求事先确定操作对象的形状和位置，并且能预先估计和避免机器人与环境及人员的碰撞，这与工业机器人初始设计时未考虑与人类一起作业的安全性有关，因此，生产现场一般都会使用防护栏、光幕传感器，或通过安全区域设计等技术把机器人和人类隔离。然而对于产品种类多、生产量小、柔性要求高的场合，基于工业机器人刚性自动化的生产调整将变得非常困难，会显著增加调整周期和成本；另外，工业机器人固有的高刚度使它只能以非常受限的方法与外界交互，对于像小零件装配、狭小空间作业等自动化作业难度大、机器人灵活性要求高的场合，工业机器人往往是望尘莫及。此外，工业机器人复杂的编程与示教方式需要为机器人的使用培养和配备专业的操作人员，每次任务的调整都需要经过编程、仿真、试运行等步骤，生产准备时间长。

将协作机器人融入人类作业环境，实现人机协同作业，就是要充分利用彼此的长处，由人类负责完成对柔性、触觉、灵活性要求比较高的工序，而协作机器人则利用其快速、准确、恶劣环境工作能力强的特点来负责完成重复性的工作。通过人机协作，保证作业质量并改善人类作业的舒适性，实现人机协同的安全、柔性、高效的作业，解决传统工业机器人难以应对的低成本、高效率、柔性化、复杂作业自动化问题。

目前世界领先的协作机器人有优傲（Universal Robots）公司的 UR3、UR5、UR10，KUKA 公司的 LBR iiwa，ABB 公司的双臂协作机器人 YuMi，FANUC 公司的 CR 系列机器人，以及 Rethink 公司的 Baxter 和 Sawyer。其中，优傲公司在 2008 年推出的 UR5 是首款具有协作概念的商用机器人，并在随后推出了 UR3、UR10。受益于轻质、与人交互安全和精度较高的特点，UR5 在高端制造业得到了广泛应用。近年来优傲公司又推出了控制精度更好、与人交互更安全的 e 系列机器人。KUKA、FANUC 等知名工业机器人公司也推出了多款协作机器人，KINOVA 公司的 Jaco2、Gen3 机器人在助老扶残、家庭服务中得到了良好的应用，Franka Emika 推出的 Panda 协作机械臂在关节空间采用了全状态反馈控制，可以在复杂环境下实现精确碰撞检测，在安全协作方面性能优越。

1.3 协作机器人国内发展现状

我国协作机器人的发展呈现以下趋势：①场景拓展，从原来的工业场景拓展至医疗、商用服务领域等，协助人工执行更加复杂的任务；②开拓中小企业，得益于柔性化程度高、成本低等优势，协作机器人比传统工业机器人更适合中小企业。

近年来，在国家相关政策的大力支持下，国内协作机器人的开发应用得到了良好的发展，国内市场上也涌现出大批国产协作机器人。如沈阳新松（SIASUN）公司于 2015 年推出了七轴协作机器人，支持拖动示教、碰撞检测、视觉识别等，在工作空间紧凑、精度要求高的生产线中得到了有效的应用；珞石（ROKAE）公司推出了新一代 xMate 系列七自由度柔性协作机器人，具有高灵敏力感知功能，支持拖动示教、精准力控，在高端制造和辅助医疗行业具有良好的应用前景；艾利特机器人（ELITE ROBOT）公司发布了全新的 CS 系列协作机器人，提供了可视化交互界面的模块化编程方式；节卡（JAKA）公司推出了 All-in-one 共融系列协作机器人，深度融合了视觉信息；大象机器人（Elephant Robotics）发布了世界上最小的六轴机械臂 myCobot，具有良好的可用性和安全性。常见国产协作机器人如图 1-4 所示。

顾名思义，人机协同作业能力是协作机器人的优势所在。摆脱了作业空间的严格束缚，协作机器人以更加柔性的姿态融入作业场景，突显其"助手"属性。尽管起步较晚，但凭借出色的性能表现，协作机器人展示出了强劲的发展势头。

《"十四五"机器人产业发展规划》明确指出：研制面向 3C［电脑（Computer）、通信（Communication）和消费电子（Consumer Electronics）］、汽车零部件等领域的大负载、轻型、柔性、双臂、移动等协作机器人。未来，随着技术的持续创新，协作机器人将实现更加灵活而广泛的应用。

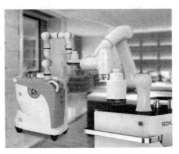

a) 新松GCR12-1300　　　　b) 珞石xMate　　　　c) JAKA Ai 12
协作机器人　　　　　SR协作机器人　　　　　机器人

图 1-4　常见国产协作机器人

目前，国内开展协作机器人研究的机构主要有机器人技术与系统国家重点实验室（哈尔滨工业大学）、机器人学国家重点实验室（中国科学院沈阳自动化研究所）、数字制造装备与技术国家重点实验室（华中科技大学）、机器人与智能系统研究所（西安交通大学）、中国科学院自动化研究所等。

1.4　协作机器人特点

协作机器人是一种能与人在共同工作空间中进行近距离互动的机器人。大部分传统工业机器人在生产线上自动作业或被安装在防护网中由人来引导作业；而协作机器人的工作方式则不同，除可自动作业外，它还能和人近距离接触。同时，协作机器人装备有视觉、触觉等传感器，支持更可靠、更安全、更便捷的编程操作，因此可以更好地应用到生产、生活中的各个领域，实现与人协同工作、提升整体工作效率的目标。

随着协作机器人在生产、生活中的广泛应用，其特点也逐渐被熟知，主要体现在以下几个方面：

1）轻量化设计。协作机器人的本体质量一般控制在 15~50kg 范围内，使机器人更便于运输、安装、调试及控制，提高其使用安全性。

2）人性化设计。机器人的表面和关节都采用光滑且平整的设计，无尖锐的直角或者易夹伤操作人员的缝隙，使其与人协同工作时具有友好性。

3）强感知能力。为确保人机协同工作的安全性，协作机器人通过传感器检测和软件控制来感知周围的环境，并根据环境的变化改变自身的动作行为。

4）人与机器人协同工作。安全是人机协作的前提条件，协作机器人多采用多传感器融合信息技术，具备敏感的反馈特性，当达到已设定值时会立即停止，并且多数机器人采用双重安全检测，使人和机器人能安全地协同工作。

5）编程更加便利。可采用拖动方式进行示教编程，对于一些普通操作者和无技术背景的人员来说，也能够非常容易地进行编程与调试。

与传统工业机器人相比，协作机器人在诸多领域的应用具有其独特优势，见表 1-1。

表 1-1　协作机器人与传统工业机器人对比

	协作机器人	传统工业机器人
工业环境	半结构化、与人协作	封闭、结构化、与人隔离
生产模式	个性化、中小批量、变动频繁的小型生产线或者人机混线的半自动环境	单一品种、大批量、周期性强、高节拍的全自动生产线
目标市场	中小企业、3C 行业、对柔性生产具有极高要求的企业	大规模生产企业
应用领域	精密装配、检测、产品包装、抛光打磨、机床上下料等	焊接、搬运、装配、喷涂、堆垛等

1）人机协同工作，充分发挥人与机器人的优势。与传统工业机器人相比，协作机器人最大的优势在于它可以直接与人一起工作，而且不需要使用任何安全围栏进行隔离防护，这种工作方式不仅缩短了人与机器人之间的距离，大大减小了工作区域面积，便于工位布局规划，而更重要的是充分将人和机器的优势结合在一起，取长补短，让机器人来完成重复性高、精度要求高的工作，人来解决那些柔性程度高、需要不断优化的工作。

2）多重安全保障，使用安全性高。安全性高是协作机器人的立足之本，其设计宗旨就是给人机协作互动提供安全保障。因此，为了实现人机协同工作的安全性，协作机器人本体多采用轻量化设计，具体如下：轻巧的体型、流线形设计；限制运行速度和电动机功率；采用串联弹性驱动器、接触检测的关节力矩传感器、双重防碰撞安全检测技术等。保证人机协作时人的安全是一种从根源上避免伤害的方式。

3）部署简单、操作灵活。协作机器人本体体积小、质量小，可以在不同的应用场景中快速地进行安装和部署；同时支持拖动示教模式，用户编程界面直观易懂，编码器采用模块化设计，可快速完成机器人部署工作，大大提高了机器人操作的便利性。

4）成本较低。协作机器人售价较低，进口协作机器人的价格一般为 10 万~20 万元，国产协作机器人的价格已经下降到 3 万~5 万元，而且无须隔离网防护等外围设备，再加上其本体轻巧，对空间的需求大幅降低，从而可大大降低机器人的部署费用。

5）柔性操作空间更大。协作机器人挣脱了安全护栏的束缚，基于其轻巧的本体，可以不受固定工位的约束，依据实际工作需要，通过简单的编程和训练，便可快速方便地在不同的地方接受新的生产任务，可较好地适应柔性生产模式，而且即使出现故障也能迅速由新的机器人来替代。

随着人类社会的不断发展与进步，机器人必将成为人类生产、生活中不可或缺的一部分，应不断提升机器人与人、机器人与环境、机器人与机器人之间的交互协作能力。协作机器人的研究重点主要在以下几个方面：

（1）机械结构的柔性化研究，提升协作机器人安全性和灵活性

协作机器人作为机、电、控一体化设备，重点在于突破紧凑型、轻量化、高能量密度创新型驱动和传动等关键技术，构建创新型的运动机构，形成刚柔耦合系统集成设计理论，进一步提升协作机器人的安全性与灵活性。

（2）多传感器深度融合研究，提高机器人的主动感知能力

如今，机器人的被动感知能力已经不能满足人类社会发展的需求，深度融合多种传感

器，将更多感知技术融入机器人，使机器人具备主动感知能力，理解人类的手势、声音等已成为未来机器人发展的必然趋势。

（3）自主控制与灵活操作研究，实现机器人的高度智能化

无论是工业机器人还是协作机器人，均已广泛应用于生产、生活中的各个领域，但是在面对多形态作业环境自适应、人机协作等更需要提升智能化能力的领域，仍然存在诸多不足。通过深入研究机器人动力学行为与环境之间的关系和影响规律，突破复杂作业环境与复杂任务的智能化自主控制技术，提升机器人灵巧作业与自主控制能力，是未来机器人实现高度智能化的重要研究方向。

（4）机器人自主学习能力的研究

实现协作机器人与人的互动交流是实现人机协作的关键。如今，协作机器人的拖动示教拉近了它与人的距离，但这还远远不够，未来的发展方向是视觉和语音的交互、力觉和触觉的交互等，使协作机器人更容易被操控。

1.5　人机协作方式

作为人类作业的合作伙伴，协作机器人最基本的特征是安全。GB 11291. 2—2013《机器人与机器人装备　工业机器人的安全要求：第 2 部分　机器人系统与集成》及 ISO/TS 15066：2016 给出了协作机器人明确的安全规范。这两个标准定义了 4 种人机协作方式，如图 1-5 所示。

（1）安全级监控停止（safetyrated monitored stop）

操作人员进入协作区域时机器人停止运行，操作人员离开协作区域时机器人自动恢复运行，称为安全级监控停止方式，它是以牺牲效率来保证安全的协作方式。

（2）手动引导（hand guiding）

操作人员通过一个安装在机器人末端或者靠近机器人末端执行器的手动操作装置来引导机器人的运动，称为手动引导方式。

（3）速度和距离监控（speed and separation monitoring）

通过监控机器人的运动速度以及与人员之间的距离来保证安全的人机协作，称为速度和距离监控方式。协作时要求机器人与人之间的距离大于最小安全距离。最小安全距离允许随机器人运动速度减慢而适当变小。这种方式与外部传感系统的精度及可靠性有关。

安全级监控停止　　　手动引导

速度和距离监控　　　功率和力限制

图 1-5　4 种人机协作方式

（4）功率和力限制（power and force limiting）

功率和力限制方式允许机器人与人之间发生有意或者无意的物理接触，也可进行类似手动引导方式的牵引示教，但会限制机器人的输出功率和力，以保证人与机器人的安全、高效工作。这是一种更为本质、高级、安全的协作方式，能从根源上避免伤害事件的发生，同时

保证人机协作的效率。

1.6 协作机器人分类

1.6.1 按用途分类

协作机器人按用途的不同可分为工业协作机器人、服务协作机器人、医疗协作机器人、特种协作机器人等。

1.6.2 按构型分类

1. 固定式协作机器人

根据结构分类，固定式协作机器人可分为双臂协作机器人和单臂协作机器人。其中，双臂协作机器人的工作范围相对较广，可以适应相对复杂的工作场景，但其生产和应用成本较高，特别是从协作机器人的主要应用场景来看，如 3C 电子、家电等生产线对生产灵活性要求高、操作较为单一、重复动作频率高，双臂协作机器人的适用性和应用性价比相对较低。单臂协作机器人在生产、应用成本和放置空间方面具有巨大优势。

固定式协作机器人存在工位固定、活动范围小等不足，但是由于底座固定，相比于移动式协作机器人，定位精度更高。

2. 移动式协作机器人

协作机器人的工作场合多种多样，除了少数工位比较固定的场合之外，大多数场合都要求机器人具有更大的活动范围，如物料搬运、移动巡检、家庭服务等应用场合。移动式协作机器人的形式多种多样，如轮式、足式、轮腿式、轨道式等。移动式协作机器人的优点是运动范围更大、操作更加灵活，缺点是定位精度较低。典型的移动式协作机器人如图 1-6 所示。该机器人可用于重点场所的病毒消杀，具有主动避障和人机交互能力，能够完成人机协作任务。

图 1-6 典型的移动式协作机器人

3. 车臂复合型协作机器人

很多工作场合要求协作机器人既要有较大的运动范围，又要有精细的操控能力，车臂复合型协作机器人是能满足此要求的理想选项。车臂复合型协作机器人同时兼顾了底盘的运动性能和机械臂的操控性能，在大型零部件生产制造、生产线物流搬运、家庭助老等场合具有非常广阔的应用前景，如图 1-7 所示。

图 1-7　车臂复合型协作机器人应用场景

4. 无人机-机械臂复合型协作机器人

在灾难救援、应急维修等极端应用场合，对于协作机器人的通过性能具有更高的要求，无人机-机械臂复合型协作机器人能够满足这样的要求，其应用场景如图 1-8 所示。

图 1-8　无人机-机械臂复合型协作机器人应用场景

1.6.3　按负载分类

协作机器人按负载能力的不同可分为三类：有效载荷<5kg、5kg≤有效载荷≤10kg、有效载荷>10kg。

1.6.4　按人机距离分类

1. 人机共生型协作机器人

在人机共生型协作机器人的应用场合中，人与协作机器人在物理上紧密耦合、相互支撑，近距离共同完成作业任务。人机共生型协作机器人分为外肢体机器人、助力式外骨骼、交互式外骨骼、康复式外骨骼等多种形式。

麻省理工学院 Asada 教授团队于 2012 年首次提出外肢体的概念，外肢体样机在机电系统装配、钻孔作业等领域得到了成功应用，外肢体应用场景示例如图 1-9 所示。

机电系统装配　　　钻孔作业

图 1-9　外肢体应用场景示例

助力式外骨骼穿戴在人员身体上，通过感知人员运动意图对作业任务提供助力，从而增强人员的承重能力等。助力式外骨骼根据穿戴部位的不同又分为上肢助力式外骨骼和下肢助力式外骨骼。康复式外骨骼与助力式外骨骼较为类似，不同之处在于康复式外骨骼用于人体运动机能的恢复。

交互式外骨骼同样穿戴在人员身体上，但是其作用不在于助力，而在于人员可以通过外骨骼发送指令给机器人，相比于手控器等交互设备，更能够实现自然交互的功能。西北工业大学智能机器人研究中心研制的外骨骼机器人如图 1-10 所示。

图 1-10　西北工业大学智能机器人研究中心研制的外骨骼机器人

2. 人机近距离协作机器人

KUKA iiwa 等人机近距离协作机器人通常与人在同一工作空间中协同完成作业任务，如操作人员对协作机器人进行拖动示教，或者人与协作机器人一起完成装配任务等。KUKA iiwa 机器人人机协作应用场景如图 1-11 所示。

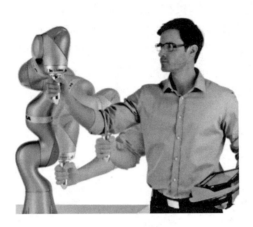

图 1-11　KUKA iiwa 机器人人机协作应用场景

3. 人机远程协作机器人

在很多作业任务中，尤其是对于复杂、极端、危险场景中的作业任务，如排雷排爆、深海作业、空间操作、核电维护、医疗采样等，机器人将代替人来完成作业任务，人则退居幕后进行远程操控。利用 VR（虚拟现实）设备对 Centuaro 机器人进行遥操作及我国研发的远程控制咽试子采样机器人如图 1-12、图 1-13 所示。

图 1-12　利用 VR 设备对 Centuaro 机器人进行遥操作

图 1-13　我国研发的远程控制咽拭子采样机器人

20世纪八九十年代开始，计算机技术和控制技术的发展有了巨大飞跃，遥操作系统的理论分析和系统控制的设计开始取得重大进展。1993年4月26日至5月6日，哥伦比亚号航天飞机上成功地进行了著名的ROTEX项目空间飞行演示，它是世界上第一个具有地面遥操作能力和空间站航天员遥操作能力的空间机器人系统，可工作于自主模式、航天员操作模式和地面遥操作模式。ROTEX遥操作机器人试验演示并验证的关键技术包括多传感器手爪技术、局部（共享自主）感知反馈控制思想、大时延下的遥操作技术和具有时延补偿能力的三维图像仿真技术，如图1-14所示。

图1-14　ROTEX遥操作机器人试验

1.7　协作机器人关键技术

人机协作追求的目标是如何在人类环境中安全、高效地完成作业任务，这就要求协作机器人应具有安全、用户友好、灵活使用的特点，可以通过适当的设计来实现。相比传统工业机器人，协作机器人着重解决两方面问题：一是机器人本体改进与功能升级，使其具有本质的安全性和适应性，即通过机器人的软、硬件设计，使机器人具备类似人类手臂的变刚度特性，既能实现高刚度的快速定位，又能实现低刚度的小件装配等任务操作；二是协作机器人融入和适应人类环境，以实现与人的自然交互。人类环境是难以预期的复杂环境，人类很容易应对的场景对机器人来说却是不小的挑战，这就要求机器人能够避免对周围人员和设备的伤害，具有在非结构化环境中执行操作任务的鲁棒性，以及机器人编程方式的友好和快捷性。为了解决以上问题，目前研究人员着重从以下5个方面开展探索研究。

1.7.1　协作机器人本体设计技术

精心设计的机器人本体不仅可以减轻机器人机身重量，有效降低机器人对人体的冲击，还可以降低感知和控制的难度，并补偿不确定性。协作机器人一般采用模块化、集成化的关节设计并具有更多的传感器以提高机器人的感知能力。

在协作机器人本体结构方面，其驱动关节普遍采用高转矩密度的永磁力矩电机结合谐波减速器的传动方案，以提高机器人的载荷、自重比，如德国宇航中心（DLR）研制的轻型机器人LWR及其与KUKA合作的商业产品iiwa机器人、丹麦优傲公司的UR机器人、德国

Franka 公司的 Franka Emika 机器人、国内遨博智能公司的 AUBO-i 系列机器人等。为了提高协作机器人的本体柔顺性能及其力控性能，一部分协作机器人通过在其关节传动链中串联一个弹性元件而构成串联弹性驱动器（SEA），如 Rethink 公司研发的 Sawyer 与 Baxter。串联弹性驱动器虽然有利于提高机器人运动的柔顺性，但由于系统的结构刚度低，反过来制约了其运动控制带宽和定位精度，使其应用受限。为了兼顾协作机器人的柔顺性能和定位精度，在驱动关节中增加一个专门设计的变刚度装置成为一个新的研究热点，代表性工作包括 Tonietti 研制的变刚度驱动器（VSA），德国宇航中心研制的变刚度关节 VS-Joint，意大利技术研究院（Italian Institute of Technology，IIT）的 Darwin G. Caldwell 教授等人先后研制的变刚度执行机构等。这些结构虽然能够在不同程度上改变关节的刚度，但却显著增加了关节的重量、结构复杂性以及控制难度，目前仍处于研发阶段，在协作机器人中的实际应用较少。总之，本体结构的轻量化设计可以有效提高协作机器人的操作安全性，但本体结构的柔性化设计在改善协作机器人的柔顺性能方面仍然存在很多局限。因此，研究与应用柔顺控制方法成为当前提高协作机器人柔顺运动性能的首要手段。

1. 基于柔顺操作的一体化关节设计技术

近几十年来，随着制造业的快速发展，工业机器人技术得到了高速发展。目前随着机械臂的功能需求增加，机械臂关节变得越来越复杂，这不仅增加了设计难度和设计成本，还直接导致关节的生产工艺增多、生产成本增加。因此，越来越多的机器人生产商选择采用一体化关节设计思路。一体化关节设计采用了机电一体化的设计理念，机械臂关节集传动、驱动、传感、控制以及热控等技术为一体，形成一个高度集成化的机电部件。DLR 从 20 世纪 80 年代末开始研制轻型一体化关节机械臂，第三代轻型机械臂的各个关节均采用机电一体化的设计理念，将驱动、传动、制动及检测融为一体，关节内部集成有位置传感器、力矩传感器、温度传感器、信号处理电路、驱动电路、实时串行通信总线及数字信号处理器（DSP）等，整体结构紧凑。其驱动部分采用质量只有普通商业电动机一半的 DLR-Robodrive 电动机，减速器采用谐波减速器，并具有电磁式制动器，在传感器配置方面，有两个位置传感器，一个是位于电动机输出端的增量式位置传感器，用于对电动机的位置进行控制，一个是位于关节输出端的绝对位置传感器，用于检测关节的绝对位置，在关节输出端还有力矩传感器，用于实现主动振动控制、主动柔顺控制与碰撞检测，该关节最大转动速度达到 120°/s。DLR 第三代轻型机械臂及其关节单元如图 1-15 所示。

将高性能驱动器直接安装在机器人关节上，不仅使机器人结构紧凑、尺寸小巧，而且能减少线缆长度和干扰的影响，使得系统稳定性大大提升。除了采用模块化、集成化的关节结构外，还可以探索设计新型的关节结构，如 Disney Research 设计的一款仿生机械臂采用了一种新型肩关节设计，使用差速机构平衡机器人重量，同时保证合理的奇异点配置和自然的运动范围，由此降低了控制和规划环节的复杂性。

2. 协作机器人轻量化设计技术

轻量化设计技术是目前机器人研究中的一大重点，采用轻量化的结构设计，可以提高现有机器人运动控制的精度、降低设计成本和生产成本、实现更友好更方便的人机交互。在机器人的轻量化设计方面，一方面是采用新型的高性能轻质结构材料以及高力矩-质量比的驱动关节来实现，如 DLR 与 KUKA 所设计的 iiwa 机器人；另一方面，研究新型的、可重构的模块化机器人是实现轻量化的另一个途径，目前此类型的机器人在国际上已经得到了越来越多的关注，如美国国家航空航天局（NASA）的一个团队正在研究新型的、灵活的、可变形的机器人，这种机器人主要特点是轻型的、可折叠、模块化的机器人，可根据任务改变构型。早在1998年，新加坡的I-Ming Chen教授等人便开始了模块化可重构机器人的研究，而商业化的模块化机器人也已经出现，其中Shunk公司推出了一系列模块化机器人。可见模块化机器人为实现协作机器人的轻量化提供了重要的技术基础。

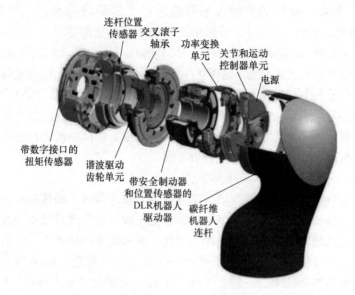

图 1-15　DLR 第三代轻型机械臂及其关节单元

除此之外，创新的结构和设计理念也是实现轻量化的一个必不可少的途径。机器人的终极目标是能够方便地与人类交互、共享工作空间，而怎样在满足工作空间和额定载荷的条件下实现最小的质量和转动惯量，并且能够实现柔顺运动，是轻量化机器人的又一个目标。在这方面，模块化绳驱动机器人受到了国际上很多实验室和研究所的青睐，其运动关节是靠绳索拉动的被动关节，而绳索的驱动装置又都安装在机座上，由多个绳驱动模块组成机器人臂，所有的力均通过轻质的绳子来传递，因此它自身的质量要比传统的刚性连接的机械臂轻很多，转动惯量也很小。这样的机器人臂可以产生本质安全的运动，同时能达到很高的载重-自重比；它具有自重轻、转动惯量小、承载能力强、工作空间大、容易实现模块化操作以及安全性好等优点，因此，此类机器人结构在机器人领域得到了日益广泛的重视。

此外，使用覆盖机器人全表面的敏感皮肤可以实现所谓的全敏感机械臂。在机器人自由度方面，由于七自由度关节机器人在避障、克服奇异点、灵活性和容错性方面具有更多的优势，因此协作机器人往往设计成七自由度，这样能更好地适应复杂工作环境中的人机协作任务。

1.7.2　协作机器人常用控制方法

随着机器人应用范围的扩大，机器人将越来越多地工作在未知环境中，未知环境中的人、环境和机器人本体的安全问题将是研究的主要问题。机器人正面临的一个关键问题是如何在非结构化环境中执行操作时提高保证安全的能力。为了确保安全运行，机器人应该具备力感知与碰撞检测、零力控制、柔顺控制及变刚度控制技术。

1. 协作机器人力感知与碰撞检测技术

工业机器人可以工作在复杂的工作环境中，在其工作过程中很可能与周围环境发生碰撞，造成周围环境或工件的损坏。此外，在现代生产中，很多复杂的工作需要机器人与工作人员处于同一工作空间中，并在操作上相互配合。在这种情况下，机器人的安全性显得尤为重要，若机器人不采取必要的防碰撞措施，可能会对工作人员造成严重伤害。因此，必须首先解决机器人碰撞的安全性问题。为了保证机器人的安全性，需要对碰撞进行检测，并及时采取必要的控制策略，避免发生严重碰撞，并控制碰撞接触力在完全可承受的范围内。这也是实现机器人主动柔顺控制必不可少的操作。

检测机器人是否发生碰撞的方法有添加外部传感器检测法，如在机器人手腕添加力传感器，该方法虽然能够精确检测出碰撞力的大小，但仅限于安装了外部传感器的部位；此外，还有机器人外表面包裹敏感皮肤检测法，该方法能够较好地检测出碰撞力及其碰撞部位，但是增加了对外部信息进行处理的难度，增加了机器人布线的复杂程度。也有学者提出视觉传感器检测法，该方法可以比较全面地掌握外部环境信息，但图像信息量大、难以达到实时性要求。同时还可以采用机器人内部传感器检测法，该方法通过采集机器人各个关节力矩，并采集位置编码器的值，运用动力学方程计算在此运动状态下机器人所需的驱动力矩，将该力矩与实际采集的力矩对比，以确定机器人是否发生碰撞，然而该方法需要求解位置量的一阶、二阶导数，从而引入噪声干扰，影响检测的准确性。还有学者基于能量、动量检测法，将碰撞视为系统故障，这样能较好地检测出发生的碰撞，但该算法在实时性与跟踪外力的准确性方面相互影响，难以同时达到最好的实时性及准确性。在控制策略方面，传统的方式有机械臂立即制动方式、切换控制模式以及笛卡儿阻抗控制方式。立即制动方式是指碰撞发生时检测到电流超过规定的阈值，机械臂执行紧急停止的策略，该方法并不能有效地缓冲碰撞带来的危害。切换控制模式是指碰撞发生时由位置控制模式切换为力控模式的控制策略，但是该方法容易造成系统的不稳定。笛卡儿阻抗控制是实现柔顺控制的有效方式之一，通过安装在关节处的力矩传感器，快速检测出机器人自身的力状态，并控制它与环境的接触力。但是该控制方法使用了力矩传感器，因此增加了成本。这些研究存在的共同特点是检测到碰撞后，机器人会中止执行的任务。

目前，国内关于碰撞的研究集中在避碰轨迹规划和碰撞动力学方面，而在碰撞后响应控制方面的研究较少。同时，机器人发生碰撞后，碰撞力会瞬间增大，因此，碰撞检测算法需具备实时性、准确性以及一定的碰撞方位识别能力，以便更好地控制碰撞力，减小碰撞伤害，而目前的碰撞检测算法在检测的实时性和准确性方面都还有待提高。

2. 协作机器人零力控制技术

根据示教过程中关节电动机状态的不同，直接示教可分为功率级脱离示教和伺服级接通示教。功率级脱离示教即机器人关节电动机处于自由状态，由人直接搬动机器人的手臂，使机器人沿着人们设计的轨迹运动；伺服级接通示教是机器人关节电动机处于受控制状态的一种示教方法。功率级脱离示教工作过程中的动力完全由操作人员提供，需要克服重力、摩擦力以及惯性力等，当机器人快速运动时需要较大动力，显然该方法并不实用。目前常采用伺服级接通示教方法，同时将零力控制方法应用于直接示教过程中，实现机器人对外部交互力的主动柔顺跟随。目前常用的两种零力控制方法是基于位置的零力控制和基于力矩的零力控制。基于位置的零力控制系统是一个位置控制系统，无法通过直接操作进行示教，必须借助力传感器感受示教力。在基于位置的零力控制系统中，机器人的运动轨迹是根据力传感器、位置、速度等反馈信息计算获得的，示教效果会受力传感器性能的影响。从系统成本考虑，力传感器在基于位置的零力控制系统中必不可少，因此增加了成本。而基于力矩的零力控制系统是一个力矩控制系统，机器人的运动是由操作者的作用力直接驱使的，因而具有更好的灵活性和准确性。它无须任何传感器，成本较低且对关节位置、速度不做控制，便于示教操作，但是系统稳定性不如前者。现有的基于力矩的零力控制都是在补偿阻碍关节运动的摩擦力矩和重力矩的基础上，将环境交互力通过雅可比矩阵的转置，转变为关节力矩进行控制，但这种方法不能保证机器人的末端运动和交互力具有一致性，反而可能造成机器人与环境或人交互时阻力变大。同时，在基于力矩的零力控制系统中，机器人的惯性力需由操作者克服，而随着机器人自重的增加，惯性力也相应增加，因而该算法不宜用于自重较大的机器人。

3. 协作机器人柔顺控制技术

柔顺控制是指机器人从力传感器获取信号，并用此信号去控制机器人的运动，使得其顺应外力的变化，可分为主动柔顺控制和被动柔顺控制。被动柔顺控制具有快速响应能力，而且实现起来成本较低，但只限于一些专门的任务；主动柔顺控制能够对不同类型的零件进行操作，或者能够根据装配作业的要求来调整末端接触力，对未知环境具有很好的鲁棒性，其实现方法主要有阻抗控制和力位混合控制等。阻抗控制方法由 Hogan N 等人在 20 世纪 80 年代提出，通过控制力和位置之间的动态关系来实现柔顺操作。阻抗控制方法与力位混合控制方法相比，更具有过渡阶段稳定性好、鲁棒性好、动作规划较少等优点。阻抗控制包括基于力控制的阻抗控制（见图 1-16）和基于位置控制的阻抗控制（见图 1-17）两种。

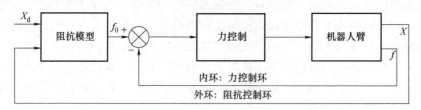

图 1-16　基于力控制的阻抗控制

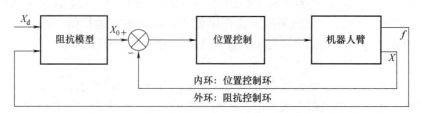

图 1-17　基于位置控制的阻抗控制

虽然国内外在驱动关节及协作机器人柔顺控制研究方面取得了很大的进展，而且有些已经在机器人上得到了实际的应用（如 KUKA iiwa 机器人），但由于控制器的鲁棒性和稳定性不好，机器人在变工况（速度、载荷变化）条件下经常会出现振动现象。因此，如何提高协作机器人柔顺运动控制的鲁棒性和稳定性仍然是当前急需解决的问题。

4. 协作机器人变刚度控制技术

机械臂末端刚度的调整能力是衡量其操作能力的重要指标，刚度的调整方法有两种，一种是改变控制参数，另一种是利用冗余自由度改变关节配置。机械臂末端刚度的控制可通过笛卡儿空间的阻抗控制或者关节空间的阻抗控制来实现，改变笛卡儿空间或者关节空间的刚度控制参数就可以对机械臂末端的刚度进行调整，但对于关节空间的控制，末端刚度的形成还与机械臂各关节的配置有关。此外，对于具有冗余自由度的机器人，可以在机械臂末端位置不变的情况下利用冗余自由度来改变机械臂各关节的配置，从而实现机械臂末端刚度的调整。Ott. C 等设计了在受外力情况下实现精确的笛卡儿空间刚度的阻抗控制器，并在 LWR 轻量化机械臂上进行了实验。Ajoudani. A 等对遥阻抗（Tele-Impedance）技术进行了深入研究，提出了共模刚度-位形相关刚度（Common Mode Stiffness-Configuration Dependent Stiffness，CMS-CDS）的刚度分配算法，并对人类手臂刚度进行了复现。目前国内外对利用阻抗控制算法实现机械臂的柔顺控制研究较多，但对机械臂末端刚度调整能力的影响因素和控制方法研究不足，机械臂在稳定和非稳定环境下的末端刚度的调整能力与人类手臂对未知环境的阻抗适应能力相比还存在较大差距，需要对机械臂末端刚度的控制算法做进一步的研究。

1.7.3 感知与控制技术

研究表明，如果机器人能够准确地了解周围环境，则可以很好地完成任务。然而协作机器人面临的多是带有不确定性的人类环境，如飞机装配和手术辅助机器人等场景，常包含周围往来的人员和变化的装配位置，机器人本体的任意部位均有可能与人员、产品、工装、工具等发生干涉，此时利用相机、力传感器等传感器件及感知技术可以帮助机器人了解周围环境、检测碰撞、降低不确定性，进而采取合理的应对策略来避免人员、产品、工装、工具等和机器人自身受到伤害，从而实现安全、鲁棒、自主的操作。

相比传统工业机器人，装备关节力矩传感器或者末端力/力矩传感器的协作机器人在碰撞检测方面具有先天优势，但是发生碰撞时关节力矩传感器所测的力矩不仅包含碰撞产生的外力矩，还有惯性力、离心力、科氏力和重力，因此需要结合机器人动力学模型，利用观测器从关节力矩信息中提取出碰撞力矩。此外，还需要区分意外碰撞力矩和正常工作时的接触力矩，由于机器人本体的其他部位与外界发生意外碰撞所造成的关节力矩分布具有不同的特征，因此可以借助机器人运动学加以区别。只有正确区分意外碰撞力矩和正常工作时的接触力矩，才有可能在不影响机器人正常工作的前提下识别出本体与外界发生的干涉，从而保证操作人员和设备的安全。有研究者分别给出了基于广义动量观测器和基于扩张状态观测器的碰撞检测方法。此外，也可以利用视觉/语音传感器使机器人感知周围环境，从而实现人机交互。

柔顺控制是协作机器人实现牵引示教编程、碰撞应急反应、变刚度操作的关键。柔顺控制实际上是阻抗控制的一个特例，主要关注对刚度和阻尼的调节，其核心技术是关节力矩的精确控制。有学者设计了一种基于关节力矩控制的阻抗控制器，它采用双环反馈控制结构，内环为基于自抗扰控制（Active Disturbance Rejection Control，ADRC）的力矩环，能有效补偿动力学耦合和摩擦扰动，外环为具有重力补偿的比例微分控制的位置环。该控制器能根据操作任务所需的刚度和位置进行控制，且不依赖于对象模型，参数整定简便，显著提高了机器人的柔顺性。利用协作机器人的柔顺控制性能，就可以实现人工引导的机器人操作，如飞机组件、部件的半自动装配、半自动制孔、连接操作以及人机协作涂胶等。

此外，为了使协作机器人能在复杂、不确定动态环境中（如飞机装配）工作，还需要研究具有鲁棒性的运动规划与控制方法来适应环境的变化。协作机器人的工业应用要求是以人机友好、简便的方式来完成机器人的编程任务，可以采用基于力/视觉/语音感知与控制技术的示教编程（walk-through programming）、具有模仿和自主学习能力的演示编程（programming by demonstration）方式，还可以利用虚拟现实和增强现实技术来实现人和机器人之间直观的自然交互，极大地提高了协作机器人的易用性。

1.7.4　行为设计技术

在人机协作中，机器人虽然必须具有安全性，但是也不能过于保守，如传统的安全措施就是当人类靠近时机器人立即减速甚至停止动作。

协作机器人的行为设计就是要在保证安全性的同时，使机器人在动态不确定的环境中的表现达到最佳，即在完成各种需要高水平智能的工作中保持高效。

合理设计协作机器人的行为的关键是要了解人机协作系统。人和机器人均为具有各自动力学特性的主体，他们通过各自的传感器件感知环境中所有主体的状态并控制自己的动作。主体的行为取决于内在逻辑、策略或控制律。为了保证机器人的安全高效，可以将机器人的行为设计、建模为一定约束下的优化问题。建立一个考虑任务完成度和作业效率的成本函数，该函数取决于机器人的状态、输入以及与人类状态相关的作业目标。约束条件包括两类：一是人和机器人的动力学特性和作业可行性；二是人机交互中的安全保证，这是最为重要的约束条件。机器人通过对作业环境的认知来优化这个成本函数，并通过学习来更新系统的知识和逻辑以适应未知的作业环境。对于人机协作装配问题，由于人和机器人共享作业空间，所以两者关系非常密切。因此，优化机器人的行为，就能在保证安全性的条件下，使机器人适应动态变化的装配环境，实现人机高效协同作业。

1.7.5　自主学习技术

协作机器人不仅要面对作业场景的不确定性，而且要面对作业任务的不确定性，如飞机装配作业对象位置的少许变化，或者装配、制孔、涂胶等多种作业任务，因此，研究和提高协作机器人的自主学习能力和智能化具有重要意义。

以人机协同轴孔装配为例，以非结构环境中实现鲁棒的接触操作为目标，研究如何通过自主学习使机器人获得更好的环境适应能力。研究利用人类运动的动态基元控制策略，建立一个分层控制结构，在下层借助高速总线实现机器人的变阻抗控制，以保证稳定的物理交互；在上层使用人工神经网络构造在线规划器，以实现复杂策略的生成和参数更新。为了实现基于学习的在线规划，使用连续状态-动作空间的马尔可夫决策过程对装配过程建模，借助演员-评论家（Actor-Critic）神经网络构造在线规划器以完成非线性任务决策；受人类装配操作启示，按照任务要求，确定状态变量与动作变量以实现基于触觉的变阻抗动作。该规划方法同时具有被动柔顺和主动调节的操作能力，与现有定刚度运动规划方法相比具有更好的环境适应性。通过机器人自主学习，可以发掘到一些因为不直观而很难由人工设计的优化操作策略，从而使机器人作业更加快捷。

1.8　协作机器人柔顺控制

协作机器人柔顺控制策略和方案可分为被动柔顺控制和主动柔顺控制，如图 1-18 所示。

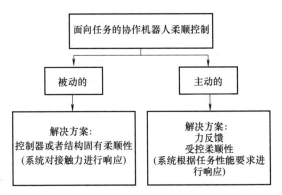

图 1-18　被动柔顺控制与主动柔顺控制

（1）被动柔顺控制

由于机械手结构、伺服或特殊柔顺装置固有的柔顺性，末端执行器位置由接触力自身进行调节，称为被动柔顺控制。其分类如图 1-19 所示。

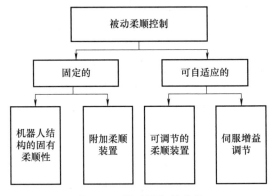

图 1-19　被动柔顺的分类

（2）主动柔顺控制

通过构造力反馈来实现可编程的机器人响应，通过控制交互力或在机器人末端生成特定于任务的柔顺轨迹来实现主动柔顺控制。

主动柔顺控制方法可大致分为直接法和间接法两大类，直接法指的是分别对力和运动进行直接控制，而间接法指的是对力和运动之间的动态关系进行控制以实现柔顺运动。常用的主动柔顺控制方法如图 1-20 所示。

对运动和力进行直接控制的方式，最具代表性的是由 Raibert M H 和 Craig J J 于 1981 年提出的力位混合控制方法，这种方法基于交互操作时机器人位置子空间与力子空间的互补性和正交性进行力和位置的解耦控制，也就是在位置子空间进行位置控制，在力子空间进行力

19

控制，主要用于需要精确力控的场合。但实施该方法的前提条件是已知交互操作所需的力和位置轨迹，不适用于非结构化环境下的交互协作。因此，建立在力-运动混合控制基础上的直接法在协作机器人柔顺运动控制中的应用受限。

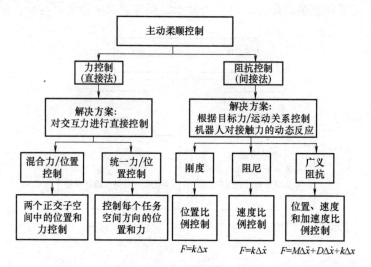

图 1-20　常用的主动柔顺控制方法

　　间接法并不直接控制力或运动，而是通过控制交互点处机器人所受外力与运动状态之间的动态关系，使之满足期望的动态柔顺运动特性，以实现对机器人柔顺运动性能的控制，并通过改变期望动态柔顺特性以满足不同交互操作任务的柔顺性需求。这种控制方式最早是由 Hogan N 于 1985 年借鉴电路中阻抗的概念和特点提出的，将交互点处速度到交互力之间的传递关系用"阻抗"来描述，这种基于间接方式实现机器人柔顺运动控制的方法称为阻抗控制。由于阻抗控制能够确保机器人在受约束环境中进行操作，同时保持适当的交互力，并且对不确定因素和外界干扰具有较强的鲁棒性，又在实施时具有较少的计算量，因此被广泛应用于协作机器人的柔顺运动控制。

第2章

协作机器人运动学

2.1 协作机器人正运动学

以串联机器人为例，机器人开式运动链如图 2-1 所示。

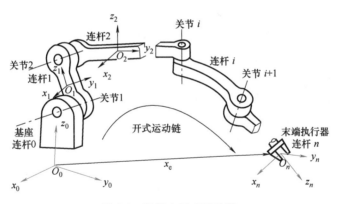

图 2-1　机器人开式运动链

表示末端执行器相对于基座位置和方向的通常做法为：①每个连杆按从 0（基座）到 n（末端执行器）的顺序编号，连杆 $i-1$ 和连杆 i 之间的接头标记为关节 i；②将坐标系 $O_i x_i y_i z_i$ 附加到连杆 i 上，使用 4×4 齐次变换矩阵描述坐标系 $O_i x_i y_i z_i$ 相对于前一坐标系 $O_{i-1} x_{i-1} y_{i-1} z_{i-1}$ 的位置和方向；③通过从最后一个坐标系到基座坐标系的连续齐次变换获得末端执行器的位置和方向。

坐标系的设置通过 D-H 变换实现。D-H 变换是描述开式运动链中一对相邻连杆之间运动关系的系统方法，基于刚体位置和方向的 4×4 齐次变换矩阵表示，使用最少的参数来描述运动学关系。

机器人 D-H 坐标表示法如图 2-2 所示，其步骤如下：

1）第 i 个坐标系的原点 O_i 位于关节 $i+1$ 轴与关节 i 轴和关节 $i+1$ 轴之间的公法线的交点处。

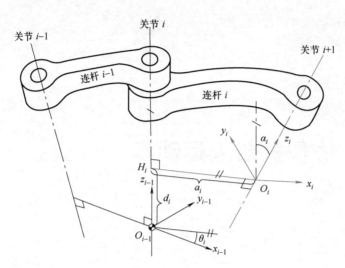

图 2-2　机器人 D-H 坐标表示法

2）x_i 轴沿公法线延伸。

3）z_i 轴沿关节 $i+1$ 的轴线方向。

4）选择 y_i 轴使得合成的坐标系 $O_i x_i y_i z_i$ 形成右手坐标系。

使用 4 个参数来确定两个坐标系之间的相对位置，参数的定义如下：

1）关节角 θ_i，绕 z_{i-1} 轴从 x_{i-1} 轴旋转到 x_i 轴的角度。

2）偏置距离 d_i，沿 z_{i-1} 轴从 x_{i-1} 轴移动到 x_i 轴的距离。

3）连杆长度 a_i，沿 x_i 轴从 z_{i-1} 轴移动到 z_i 轴的距离。

4）连杆扭角 α_i，绕 x_i 轴从 z_{i-1} 轴旋转到 z_i 轴的角度。

机器人 D-H 坐标参数含义如图 2-3 所示。

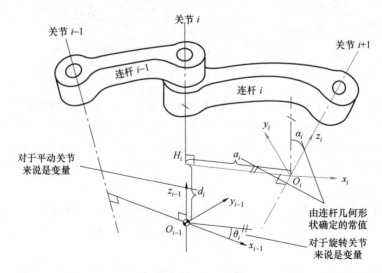

图 2-3　机器人 D-H 坐标参数含义

机器人 D-H 坐标变换说明如图 2-4 所示。

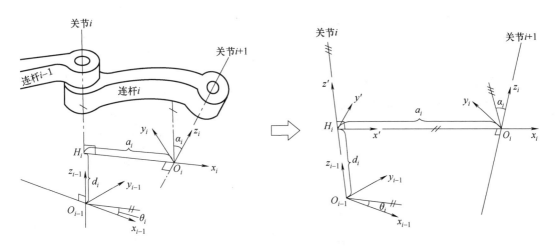

图 2-4　机器人 D-H 坐标变换说明

设定中间坐标系 {int}，使得

$$
{}_{\text{int}}^{i-1}\boldsymbol{A} = \begin{pmatrix} \cos\theta_i & -\sin\theta_i & 0 & 0 \\ \sin\theta_i & \cos\theta_i & 0 & 0 \\ 0 & 0 & 1 & d_i \\ 0 & 0 & 0 & 1 \end{pmatrix} \tag{2-1}
$$

$$
{}_{i}^{\text{int}}\boldsymbol{A} = \begin{pmatrix} 1 & 0 & 0 & a_i \\ 0 & \cos\alpha_i & -\sin\alpha_i & 0 \\ 0 & \sin\alpha_i & \cos\alpha_i & 0 \\ 0 & 0 & 0 & 1 \end{pmatrix} \tag{2-2}
$$

$$
{}_{i}^{i-1}\boldsymbol{A} = {}_{\text{int}}^{i-1}\boldsymbol{A}\,{}_{i}^{\text{int}}\boldsymbol{A} = \begin{pmatrix} \cos\theta_i & -\sin\theta_i\cos\alpha_i & \sin\theta_i\sin\alpha_i & a_i\cos\theta_i \\ \sin\theta_i & \cos\theta_i\cos\alpha_i & -\cos\theta_i\sin\alpha_i & a_i\sin\theta_i \\ 0 & \sin\alpha_i & \cos\alpha_i & d_i \\ 0 & 0 & 0 & 1 \end{pmatrix} \tag{2-3}
$$

式中，${}_{\text{int}}^{i-1}\boldsymbol{A}$ 表示中间坐标系 {int} 相对于第 $i-1$ 个连杆坐标系的变换矩阵；${}_{i}^{\text{int}}\boldsymbol{A}$ 表示第 i 个连杆坐标系相对于中间坐标系 {int} 的变换矩阵；${}_{i}^{i-1}\boldsymbol{A}$ 表示第 i 个连杆坐标系相对于第 $i-1$ 个连杆坐标系的变换矩阵。

D-H 规则的两个例外情况如下：

（1）最后一个连杆（末端坐标系 {n}）

在末端执行器的任何方便点选择坐标系原点；x_n 轴与最后一个关节轴呈直角相交；α_n 取任意值。最后一个连杆处的 D-H 规则如图 2-5 所示。

（2）基座坐标系（坐标系 {0}）

z_0 轴沿关节 1 轴方向，在关节 1 轴上的任意点选择原点；x_0 和 y_0 轴是任意的（只要坐标系是右手坐标系）。注意，连杆的坐标系选择可能不唯一，应尽可能多地将 4 个连杆参数（即 θ_i、d_i、a_i、α_i）设置为零。基座坐标系的 D-H 规则如图 2-6 所示。

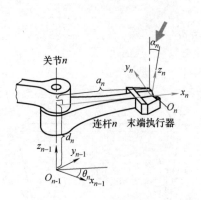 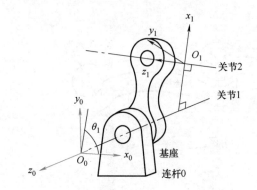

图 2-5　最后一个连杆处的 D-H 规则　　　图 2-6　基座坐标系的 D-H 规则

将末端执行器的位置和方向表示为关节位移的函数（使用 D-H 变换），从基座坐标系到末端坐标系的变换如图 2-7 所示，其计算流程如下：

1）确定关节变量和连杆运动参数。用 q_i 表示关节位移，其中对于旋转关节来说，$q_i = \theta_i$；对于平动关节来说，$q_i = d_i$。

2）为每个连杆指定笛卡儿坐标系（包括基座坐标系 $\{0\}$ 和末端坐标系 $\{n\}$）；

3）定义连杆转换矩阵。

4）计算正运动学变换，即

$$^0_n T = {}^0_1 A(q_1) {}^1_2 A(q_2) \cdots {}^{n-1}_n A(q_n) \tag{2-4}$$

式中，$^0_n T$ 表示第 n 个连杆坐标系相对于基座坐标系的变换矩阵；$^{i-1}_i A(q_i)$ 表示第 i 个连杆坐标系相对于第 $i-1$ 个连杆坐标系的变换矩阵，q_i 表示第 i 个旋转关节的转角，$i = 1, 2, \cdots, n$。

即可得到机械臂的正运动学方程。

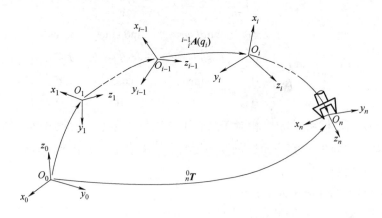

图 2-7　从基座坐标系到末端坐标系的变换

［例 2-1］　求解如图 2-8 所示 5R-1P 机械臂的运动学模型。

1）识别所有关节。关节 1：旋转关节；关节 2：旋转关节；关节 3：平动关节（选择关节轴与关节 4 重合）；关节 4、5、6 表示三个轴线在点 W 相交的旋转关节。

2）将坐标系固连到各个连杆上，具体如下：

① 底座选择在台面上，z_0 轴沿关节 1 轴的轴线。

24

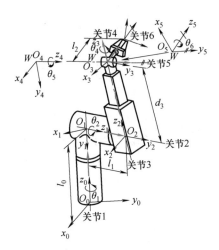

图 2-8　5R-1P 机械臂的运动学模型

② 最终坐标系的原点可以任意选择（例如，在最后一个关节轴上选择一个合适的点，在该点上工件将被抓取）。x_6 轴与关节 6 轴以直角相交。

③ 根据 D-H 规则配置其他坐标系。注意尝试定义坐标系，以便产生最少数量的非零参数。

3）5R-1P 机械臂的 D-H 参数见表 2-1。

表 2-1　5R-1P 机械臂的 D-H 参数表

连杆编号	α_i	a_i	d_i	θ_i
1	−90°	0	l_0	θ_1
2	+90°	0	l_1	θ_2
3	0	0	d_3	0
4	−90°	0	0	θ_4
5	+90°	0	0	θ_5
6	0	0	l_2	θ_6

将上述参数代入式（2-4）可得

$$
{}^0_1\boldsymbol{A}(\theta_1) = \begin{pmatrix} \cos\theta_1 & 0 & -\sin\theta_1 & 0 \\ \sin\theta_1 & 0 & \cos\theta_1 & 0 \\ 0 & -1 & 0 & l_0 \\ 0 & 0 & 0 & 1 \end{pmatrix} \tag{2-5}
$$

$$
{}^1_2\boldsymbol{A}(\theta_2) = \begin{pmatrix} \cos\theta_2 & 0 & \sin\theta_2 & 0 \\ \sin\theta_2 & 0 & -\cos\theta_2 & 0 \\ 0 & 1 & 0 & l_1 \\ 0 & 0 & 0 & 1 \end{pmatrix} \tag{2-6}
$$

$$\underset{3}{\overset{2}{}}A(\theta_3)=\begin{pmatrix}1&0&0&0\\0&1&0&0\\0&0&1&d_3\\0&0&0&1\end{pmatrix} \tag{2-7}$$

$$\underset{4}{\overset{3}{}}A(\theta_4)=\begin{pmatrix}\cos\theta_4&0&-\sin\theta_4&0\\\sin\theta_4&0&\cos\theta_4&0\\0&-1&0&0\\0&0&0&1\end{pmatrix} \tag{2-8}$$

$$\underset{5}{\overset{4}{}}A(\theta_5)=\begin{pmatrix}\cos\theta_5&0&\sin\theta_5&0\\\sin\theta_5&0&-\cos\theta_5&0\\0&1&0&l_1\\0&0&0&1\end{pmatrix} \tag{2-9}$$

$$\underset{6}{\overset{5}{}}A(\theta_6)=\begin{pmatrix}\cos\theta_6&-\sin\theta_6&0&0\\\sin\theta_6&\cos\theta_6&0&0\\0&-1&1&l_2\\0&0&0&1\end{pmatrix} \tag{2-10}$$

4）该机械臂的运动学方程为

$$\underset{6}{\overset{0}{}}T=\underset{1}{\overset{0}{}}A(\theta_1)\underset{2}{\overset{1}{}}A(\theta_2)\underset{3}{\overset{2}{}}A(\theta_3)\underset{4}{\overset{3}{}}A(\theta_4)\underset{5}{\overset{4}{}}A(\theta_5)\underset{6}{\overset{5}{}}A(\theta_6) \tag{2-11}$$

将末端执行器位置和姿态表示成关节角 θ_1，θ_2，θ_3，θ_4，θ_5，θ_6 及位移 d_3 的函数，即

$$\underset{6}{\overset{0}{}}T=\begin{pmatrix}\underset{6}{\overset{0}{}}T_{11}&\underset{6}{\overset{0}{}}T_{12}&\underset{6}{\overset{0}{}}T_{13}&\underset{6}{\overset{0}{}}T_{14}\\\underset{6}{\overset{0}{}}T_{21}&\underset{6}{\overset{0}{}}T_{22}&\underset{6}{\overset{0}{}}T_{23}&\underset{6}{\overset{0}{}}T_{24}\\\underset{6}{\overset{0}{}}T_{31}&\underset{6}{\overset{0}{}}T_{32}&\underset{6}{\overset{0}{}}T_{33}&\underset{6}{\overset{0}{}}T_{34}\\0&0&0&1\end{pmatrix} \tag{2-12}$$

式中：

$$\underset{6}{\overset{0}{}}T_{11}=c_5c_6(c_1c_2c_4-s_1s_4)-c_1s_2s_5c_6-s_6(s_4c_1c_2+s_1c_4)$$
$$\underset{6}{\overset{0}{}}T_{12}=-c_5s_6(c_1c_2c_4-s_1s_4)+c_1s_2s_5s_6-c_6(s_4c_1c_2+s_1c_4)$$
$$\underset{6}{\overset{0}{}}T_{13}=s_5(c_1c_2c_4-s_1s_4)+c_1s_2c_5$$
$$\underset{6}{\overset{0}{}}T_{14}=l_2s_5(c_1c_2c_4-s_1s_4)+l_2c_1s_2c_5+d_3c_1s_2-l_1s_1$$
$$\underset{6}{\overset{0}{}}T_{21}=c_5c_6(s_1c_2c_4+s_4c_1)-s_1s_2s_5c_6+s_6(-s_4s_1c_2+c_1c_4)$$
$$\underset{6}{\overset{0}{}}T_{22}=-c_5s_6(s_1c_2c_4-c_1s_4)+s_1s_2s_5s_6+c_6(-s_4s_1c_2+c_1c_4)$$
$$\underset{6}{\overset{0}{}}T_{23}=s_5(s_1c_2c_4+c_1s_4)+s_1s_2c_5$$
$$\underset{6}{\overset{0}{}}T_{24}=l_2s_5(s_1c_2c_4+c_1s_4)+l_2s_1s_2c_5+d_3s_1s_2+l_1c_1$$
$$\underset{6}{\overset{0}{}}T_{31}=-s_2c_4c_5c_6-c_2s_5c_6+s_2s_4s_6$$
$$\underset{6}{\overset{0}{}}T_{32}=s_2c_4c_5s_6+c_2s_5s_6+s_2s_4c_6$$
$$\underset{6}{\overset{0}{}}T_{33}=-s_2c_4s_5+c_2s_5$$
$$\underset{6}{\overset{0}{}}T_{34}=-l_2s_2c_4s_5+l_2c_2c_5+d_3c_2+l_0$$

注意，$c_i=\cos\theta_i$，$s_i=\sin\theta_i$，$i=1$，2，$\cdots$，6。

2.2　协作机器人逆运动学

机器人逆运动学的目的是当给定末端执行器位置和方向时，求解关节位移 q_1，q_2，$\cdots$，q_n。

$$_n^0T =\,_1^0A(q_1)\,_2^1A(q_2)\cdots\,_n^{n-1}A(q_n) \tag{2-13}$$

式中，$_n^0T$ 表示第 n 个连杆坐标系相对于基座坐标系的变换矩阵；$_i^{i-1}A(q_i)$ 表示第 i 个连杆坐标系相对于第 $i-1$ 个连杆坐标系的变换矩阵，q_i 表示第 i 个旋转关节的转角，$i=1$，2，$\cdots$，n。

注意：$\text{LHS}(i,j)=\text{RHS}(i,j)$，表示等式左侧与右侧矩阵中的各个分量相等，其中 i 和 j 分别表示行和列的索引。因此，式（2-13）共包含 12 个方程，其中 9 个方程与旋转角度有关，且其中仅有 3 个相互独立的方程，其余 3 个方程与位置有关。利用该方程组可求解 n 个未知关节变量 $\boldsymbol{q}=(q_1\ q_2\ \cdots\ q_n)^{\mathrm{T}}$。

解析逆运动学方程求解过程的常规方法是一次隔离一个关节变量，具体步骤如下。

步骤一：隔离关节变量 q_1 并求解。

$$_1^0A^{-1}\,_n^0T =\,_2^1A\cdots\,_n^{n-1}A =\,_n^1T \tag{2-14}$$

式中，左边 $_1^0A^{-1}\,_n^0T$ 是有关 q_1 的函数，右边 $_n^1T$ 是有关 q_2，$\cdots$，q_n 的函数。

1）在 $_n^1T$ 中查找常量元素。

2）将式（2-14）的左边 $_1^0A^{-1}\,_n^0T$ 和右边 $_n^1T$ 的各个分量等效。

3）求解 q_1。

步骤二：隔离关节变量 q_2 并求解。

$$_2^1A^{-1}\,_1^0A^{-1}\,_n^0T =\,_3^2A\cdots\,_n^{n-1}A =\,_n^2T \tag{2-15}$$

式中，左边 $_2^1A^{-1}\,_1^0A^{-1}\,_n^0T$ 是有关 q_1（已知）、q_2 的函数，右边 $_n^2T$ 是有关 q_3，$\cdots$，q_n 的函数。

1）在 $_n^2T$ 中查找常量元素。

2）将式（2-15）的左边 $_2^1A^{-1}\,_1^0A^{-1}\,_n^0T$ 和右边 $_n^2T$ 等效。

3）求解 q_2。

依此类推，可逐一求解各个关节位移。

注意，可能找不到求解 q_i 的方程。没有百分之百有效的计算方法，几何直觉可能有助于简化求解过程。解决方案存在的前提是指定的目标点必须位于工作区内。其中，工作区定义如下：

1）灵巧工作空间（所有方向）。

2）可达工作空间（至少一个方向）。

3）{灵巧的工作空间}⊂{可到达的工作空间}。

[例 2-2]　考虑 2 连杆平面机械臂的工作空间，2 自由度机械臂示意如图 2-9 所示。

如果 $l_1=l_2$，灵巧工作空间中仅包含一个点（关节 1 处）。2 自由度机器人灵巧工作空间示意如图 2-10 所示。

2 自由度机器人可达工作空间示意如图 2-11 所示，当 $l_1\neq l_2$ 时，其可达工作空间为由外部直径 l_1+l_2 和内部直径 $|l_1-l_2|$ 组成的圆环；灵巧运动空间为空集。

2 自由度机器人逆解时可能存在多种解，其示意如图 2-12 所示。

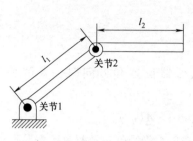

图 2-9　2 自由度机械臂示意图

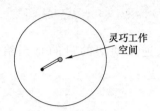

图 2-10　2 自由度机器人灵巧
工作空间示意图（$l_1 = l_2$）

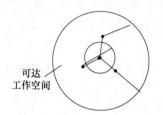

图 2-11　2 自由度机器人可达
工作空间示意图（$l_1 \neq l_2$）

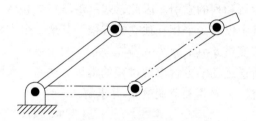

图 2-12　2 自由度机器人逆解
时可能存在多解示意图

值得注意的是，机械臂必须至少有 6 个自由度，才能将其末端执行器定位在任意点，并在空间中具有任意方向；如果自由度>6，则运动学方程可能存在无穷多个解，如人类的手臂具有 7 个自由度，相当于一个冗余机械臂；当存在物理约束（如关节限制）时，可能会减少解的数量。

如果出现关节限制，工作空间和解决方案数量可能会减少，或者可能的方向数量会减少。关节运动限制如图 2-13 所示。如果关节 1 的限制为 $[0°, 360°]$，关节 2 的限制为 $[0°, 180°]$，则可到达的工作空间具有相同的范围，但每个点只能达到一种位形。

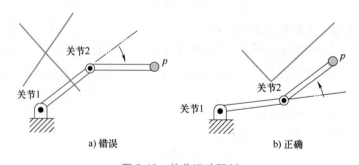

图 2-13　关节运动限制

逆运动学求解存在的问题如下：

1）可解性：由于非线性（超越）方程特性，不是总能找到闭合形式的解。

2）备选方案：数值方法，采用迭代方式进行近似求解，但求解速度较慢。

如果可以通过与给定位置和方向相关联的算法确定所有关节变量集，则认为机械臂是可解的。存在闭式解的运动学结构称为可解结构。

对于 6 自由度机械臂，如果 3 个连续旋转关节的关节轴在一个点相交，则机械臂的运动学结构是可解的。值得注意的是，大多数工业机器人都具有可解结构。

通常，如果满足以下条件，则 6 自由度运动学结构具有闭合形式的逆运动学解：

1）3 个连续的旋转关节轴在一个公共点相交，如具有球形手腕的关节轴。

2）3 个连续的旋转关节轴平行。

6 自由度球形腕关节机械臂（见图 2-14）的求解过程具有以下特点：

1）当 3 个连续的旋转关节轴在公共点相交时，该结构是可解的。

2）反向运动学问题可分解为两个子问题，以使运动解耦。

在 6 自由度球形腕关节机械臂的逆运动学求解过程中，使用点 W 能够使得求解过程变得很简单，其中点 W 具有如下特点：

1）位于 3 个终端旋转轴的交叉点。

2）位于可以视为手腕的位置。

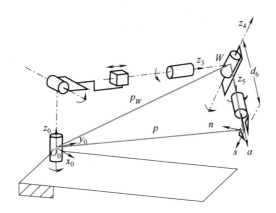

图 2-14　6 自由度球形腕关节机械臂

末端执行器位置和方向以 p 和 ${}_6^0\boldsymbol{R} = (n, s, a)$ 的形式指定，即

$$p_W = p - d_6 a \tag{2-16}$$

式中，p_W 是 3 个关节变量 q_1，q_2，q_3 的函数。

求解逆运动学的步骤如下：

1）计算腕部位置 p_W，见式（2-16）。

2）求解 q_1，q_2，q_3 的逆运动学（根据 ${}_3^0\boldsymbol{T}$，假设有一个非冗余的 3 自由度机械臂）。

3）根据 ${}_3^0\boldsymbol{T}$ 计算 ${}_3^0\boldsymbol{R}(q_1, q_2, q_3)$。

$$
{}_3^0\boldsymbol{T}(q_1, q_2, q_3) =
\begin{pmatrix}
\times & \times & \times & {}_3^0 p_x \\
\times & \times & \times & {}_3^0 p_y \\
\times & \times & \times & {}_3^0 p_z \\
0 & 0 & 0 & 1
\end{pmatrix}
\tag{2-17}
$$

同时，W 点处的坐标可以表示为

$$p_W = {}_3^0 p(q_1, q_2, q_3) \tag{2-18}$$

由式（2-18）可以求解 q_1，q_2，q_3。

$$\substack{3\\6}\boldsymbol{R}(q_4,q_5,q_6)=\substack{0\\3}\boldsymbol{R}_6^0\boldsymbol{R}=\substack{0\\3}\boldsymbol{R}^{-1}\substack{0\\6}\boldsymbol{R}=\substack{0\\3}\boldsymbol{R}^{\mathrm{T}}\substack{0\\6}\boldsymbol{R} \tag{2-19}$$

由于 $\substack{0\\3}\boldsymbol{R}^{\mathrm{T}}\substack{0\\6}\boldsymbol{R}$ 已知，因此可以根据式（2-19）求解 q_4、q_5、q_6。

［例 2-3］ 平面机械臂的逆运动学。

考虑如图 2-15 所示的 3 连杆平面机械臂，其前向运动学见式（2-20）。

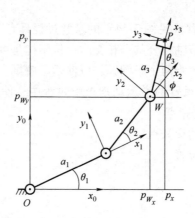

图 2-15　3 连杆平面机械臂

$$\substack{0\\3}\boldsymbol{T}(\theta_1,\theta_2,\theta_3)=\substack{0\\1}\boldsymbol{A}\substack{1\\2}\boldsymbol{A}\substack{2\\3}\boldsymbol{A}=\begin{pmatrix} c_{123} & -s_{123} & 0 & a_1c_1+a_2c_{12}+a_3c_{123} \\ s_{123} & c_{123} & 0 & a_1s_1+a_2s_{12}+a_3s_{123} \\ 0 & 0 & 1 & 0 \\ 0 & 0 & 0 & 1 \end{pmatrix} \tag{2-20}$$

式中，$c_1=\cos\theta_1$，$c_{12}=\cos(\theta_1+\theta_2)$，$c_{123}=\cos(\theta_1+\theta_2+\theta_3)$，$s_1=\sin\theta_1$，$s_{12}=\sin(\theta_1+\theta_2)$，$s_{123}=\sin(\theta_1+\theta_2+\theta_3)$。

求解关节变量 θ_1、θ_2、θ_3，对应于给定的末端执行器位置 (p_x,p_y) 和方向 ϕ（参考轴为 x_0）。运动学方程可以写为

$$\boldsymbol{x}=\begin{pmatrix} p_x \\ p_y \\ \phi \end{pmatrix}=\begin{pmatrix} a_1c_1+a_2c_{12}+a_3c_{123} \\ a_1s_1+a_2s_{12}+a_3s_{123} \\ \theta_1+\theta_2+\theta_3 \end{pmatrix} \tag{2-21}$$

式中，$c_1=\cos\theta_1$，$c_{12}=\cos(\theta_1+\theta_2)$，$c_{123}=\cos(\theta_1+\theta_2+\theta_3)$，$s_1=\sin\theta_1$，$s_{12}=\sin(\theta_1+\theta_2)$，$s_{123}=\sin(\theta_1+\theta_2+\theta_3)$。

求解 θ_2 的步骤如下：

考虑坐标系 2 的原点 W 的坐标位置 $p_{W_x}=p_x-a_3\cos\phi$，$p_{W_y}=p_y-a_3\sin\phi$。由式（2-21）可得

$$p_{W_x}=p_x-a_3\cos\phi=a_1\cos\theta_1+a_2\cos(\theta_1+\theta_2)$$
$$p_{W_y}=p_y-a_3\sin\phi=a_1\sin\theta_1+a_2\sin(\theta_1+\theta_2) \tag{2-22}$$

进而得到

$$p_{W_x}^2+p_{W_y}^2=a_1^2+a_2^2+2a_1a_2\cos\theta_2$$
$$\cos\theta_2=\frac{p_{W_x}^2+p_{W_y}^2-a_1^2+a_2^2}{2a_1a_2}$$

当 $-1 \leqslant \dfrac{p_{W_x}^2 + p_{W_y}^2 - a_1^2 + a_2^2}{2a_1 a_2} \leqslant 1$ 时，结果存在。

令 $\sin\theta_2 = \pm\sqrt{1-\cos^2\theta_2}$，并且 $\theta_2 = \mathrm{Atan2}(\sin\theta_2, \cos\theta_2)$。求解 θ_1 的过程如下：

将 θ_2 代入到式（2-22）中得到关于两个未知量 $\sin\theta_1$ 和 $\cos\theta_1$ 的代数方程组，即

$$p_{W_x} = a_1\cos\theta_1 + a_2(\cos\theta_1\cos\theta_2 - \sin\theta_1\sin\theta_2)$$
$$p_{W_y} = a_1\sin\theta_1 + a_2(\sin\theta_1\cos\theta_2 + \cos\theta_1\sin\theta_2)$$

（2-23）

由式（2-23）可得

$$\sin\theta_1 = \frac{(a_1 + a_2\cos\theta_2)p_{W_y} - a_2\sin\theta_2 p_{W_x}}{p_{W_x}^2 + p_{W_y}^2}$$

$$\cos\theta_1 = \frac{(a_1 + a_2\cos\theta_2)p_{W_x} + a_2\sin\theta_2 p_{W_y}}{p_{W_x}^2 + p_{W_y}^2}$$

（2-24）

因此，$\theta_1 = \mathrm{Atan2}(\sin\theta_1, \cos\theta_1)$。进而，可以求解 θ_3。具体地，由式（2-21）可知，$\phi = \theta_1 + \theta_2 + \theta_3$，因此，$\theta_3 = \phi - \theta_1 - \theta_2$。

同时，存在如下所示的替代方法。

由余弦定理可得

$$p_{W_x}^2 + p_{W_y}^2 = a_1^2 + a_2^2 - 2a_1 a_2\cos(\pi - \theta_2) = a_1^2 + a_2^2 + 2a_1 a_2\cos\theta_2$$

$$\cos\theta_2 = \frac{p_{W_x}^2 + p_{W_y}^2 - a_1^2 - a_2^2}{2a_1 a_2}$$

（2-25）

$$\theta_2 = \arccos(\cos\theta_2)$$

注意：

1）当满足 $\sqrt{p_{W_x}^2 + p_{W_y}^2} \leqslant a_1 + a_2$ 条件时，三角形存在。

2）三角形存在两种可行配置，对于肘向上姿势时，$\theta_2 \in (-\pi, 0)$；对于肘向下姿势时，$\theta_2 \in (0, \pi)$，其示意如图 2-16 所示。

现在求解 θ_1，具体流程如下：

$\alpha = \mathrm{Atan2}(p_{W_y}, p_{W_x})$，然后由余弦定理可得

$$\beta = \arccos\left(\frac{p_{W_x}^2 + p_{W_y}^2 + a_1^2 - a_2^2}{2a_1\sqrt{p_{W_x}^2 + p_{W_y}^2}}\right)$$

（2-26）

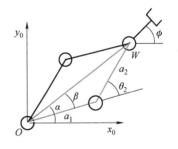

图 2-16　三角形两种可行配置示意图

式中，$\beta \in (0, \pi)$，$\theta_1 = \begin{cases} \alpha + \beta & \text{当 } \theta_2 < 0 \text{ 时} \\ \alpha - \beta & \text{当 } \theta_2 \geqslant 0 \text{ 时} \end{cases}$。

θ_3 可由式（2-21）求解得到。

2.3　冗余机器人逆运动学

通过分析 KUKA iiwa 7 自由度机械臂的结构可以发现，它具有球副-转动副-球副（Sphere-Revolute-Sphere，SRS）的构型，其前 3 个关节轴向相交于一点，这 3 个关节可以等

效为一个球形肩关节；后 3 个关节轴线相交于一点构成球形腕关节；第 4 个关节模拟人体肘关节。在任意构型，机械臂肩关节坐标系原点 S、肘关节坐标系原点 E、腕关节坐标系原点 W 构成一个平面。SRS 型机械臂构型如图 2-17 所示。

末端位姿固定时，肘关节可以绕着肩关节和腕关节连成的轴线 SW 旋转。取圆周上最高点处竖直向上的半径为起始轴，设点 E^v 为 SEW 构成竖直平面时肘关节的位置，即肘关节的最高点，将 S、E^v、W 组成的平面作为参考平面，机械臂的不同构型可以认为是在末端位姿固定的条件下由竖直状态绕轴旋转形成的，将 SEW 平面与 SE^vW 平面之间的夹角定义为机械臂的臂型角 ψ，不考虑关节的转角极限，某一时刻肘关节在臂型角（Arm Angle）为 ψ 的圆弧上。

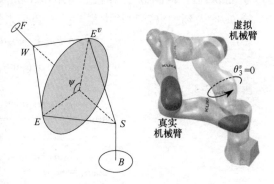

图 2-17　SRS 型机械臂构型图

设目标位姿用齐次矩阵 ${}^0_7\boldsymbol{T}$ 表示，设基座中心到肩关节中心点 S 之间的距离为 d_{BS}，肩关节中心点 S 到肘关节中心点 E 之间的距离为 d_{SE}，肘关节中心点 E 到腕关节中心点 W 之间的距离为 d_{EW}，腕关节中心点到关节 7 末端法兰盘中心点 F 的距离为 d_{WF}。根据连杆坐标系和 D-H 参数可以得到

$$
{}^0_2\boldsymbol{P} = (0 \quad 0 \quad d_{BS}) \tag{2-27}
$$

$$
{}^2_4\boldsymbol{P} = (0 \quad 0 \quad d_{SE}) \tag{2-28}
$$

$$
{}^4_6\boldsymbol{P} = (0 \quad 0 \quad d_{EW}) \tag{2-29}
$$

$$
{}^6_7\boldsymbol{P} = (0 \quad 0 \quad d_{WF}) \tag{2-30}
$$

当末端位姿确定时，SW 即可随之确定，可求出腕关节在肩关节下的位置，即

$$
{}^2_6\boldsymbol{P} = {}^0_7\boldsymbol{P} - {}^0_2\boldsymbol{P} - {}^0_6\boldsymbol{R}\,{}^6_7\boldsymbol{P} \tag{2-31}
$$

为了表示求解过程中三角函数取值的正负，定义全局配置参数 GC_k 为

$$
\mathrm{GC}_k = \begin{cases} 1 & \text{如果 } \theta_k \geqslant 0 \\ -1 & \text{如果 } \theta_k < 0 \end{cases} \quad (k = 2, 4, 6) \tag{2-32}
$$

在运动过程中，S、E、W 三点构成边长固定不变的三角形，因此关节 4 的角度值是不会变化的，根据余弦定理可得

$$
\theta_4 = \mathrm{GC}_4 \arccos\left(\frac{|\,{}^2_6\boldsymbol{P}\,|^2 - d_{SE}^2 - d_{EW}^2}{2 d_{SE} d_{EW}} \right) \tag{2-33}
$$

当关节 3 为 0 时（$\theta_3^v = 0$），${}^2_4\boldsymbol{P}$ 和 ${}^4_6\boldsymbol{P}$ 所构成的平面为参考平面。然而，如果向量 ${}^2_6\boldsymbol{P}$ 与关节 1 的旋转轴 z 轴共线，会出现奇异的情况，因此，θ_1^v 的计算为

$$
\theta_1^v = \begin{cases} \mathrm{Atan2}({}^2_6P_y, {}^2_6P_x) & \text{如果 } \|{}^2_6\boldsymbol{P} \times \boldsymbol{z}_1\| > 0 \\ 0 & \text{如果 } \|{}^2_6\boldsymbol{P} \times \boldsymbol{z}_1\| > 0 \end{cases} \tag{2-34}
$$

若 θ_2^v 的值可以确定，即可确定参考肘关节的位置。图 2-18 所示为机械臂简化构型侧面图，ϕ 的计算为

$$\phi = \arccos\left(\frac{d_{SE}^{~2} + \|{}_{6}^{2}\boldsymbol{P}\|^{2} - d_{EW}^{2}}{2d_{SE}\|{}_{6}^{2}\boldsymbol{P}\|}\right) \tag{2-35}$$

相应的，θ_2^v 为

$$\theta_2^v = \text{Atan2}\left(\sqrt{({}_6^2P_x)^2 + ({}_6^2P_y)^2},\,{}_6^2P_z\right) + \text{GC}_4\phi \tag{2-36}$$

得到 θ_1^v，θ_2^v，θ_3^v，θ_4^v 后，可以根据正运动学公式计算出虚拟肘关节的位姿 ${}_4^0T^v$。参考平面的法向量（$\boldsymbol{v}_{sew}^v$）可通过连接肩肘关节和肩腕关节的单位向量的叉乘来计算：

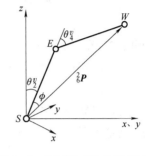

$$\boldsymbol{v}_{sew}^v = \left(\frac{{}_4^0\boldsymbol{P}^v - {}_2^0\boldsymbol{P}^v}{\|{}_4^0\boldsymbol{P}^v - {}_2^0\boldsymbol{P}^v\|}\right) \times \left(\frac{{}_6^0\boldsymbol{P}^v - {}_2^0\boldsymbol{P}^v}{\|{}_6^0\boldsymbol{P}^v - {}_2^0\boldsymbol{P}^v\|}\right) \tag{2-37}$$

图 2-18 机械臂简化构型侧面图

类似的，实际手臂平面 SEW 的法向量 $\boldsymbol{v}_{sew}$ 为

$$\boldsymbol{v}_{sew} = \left(\frac{{}_4^0\boldsymbol{P} - {}_2^0\boldsymbol{P}}{\|{}_4^0\boldsymbol{P} - {}_2^0\boldsymbol{P}\|}\right) \times \left(\frac{{}_6^0\boldsymbol{P} - {}_2^0\boldsymbol{P}}{\|{}_6^0\boldsymbol{P} - {}_2^0\boldsymbol{P}\|}\right) \tag{2-38}$$

设臂型角参数的范围为 $\psi \in [-\pi, \pi]$，当肘关节位于参考平面内时，臂型角 ψ 为 0。臂型角参数的符号定义为

$$sg_\psi = \text{sgn}(\hat{\boldsymbol{v}}_{sew}^v \times \hat{\boldsymbol{v}}_{sew}) \cdot {}_6^2\boldsymbol{P} \tag{2-39}$$

臂型角 ψ 为

$$\psi = sg_\psi \arccos(\hat{\boldsymbol{v}}_{sew}^v \cdot \hat{\boldsymbol{v}}_{sew}) \tag{2-40}$$

按照上述方法，可以确定虚拟肘关节的位姿。当给定臂型角参数 ψ 后，实际肘关节的位姿可以认为是虚拟肘关节绕向量 ${}_6^2\boldsymbol{P}$ 旋转 ψ 所得。

$${}_4^0\boldsymbol{R} = {}_\psi^0\boldsymbol{R}\,{}_4^0\boldsymbol{R}^v \tag{2-41}$$

由于关节 4 不会随着肘关节位置的变化而变化，即 $\theta_4 = \theta_4^v$，相应的 ${}_4^3\boldsymbol{R} = {}_4^3\boldsymbol{R}^v$，因此有

$${}_3^0\boldsymbol{R} = {}_\psi^0\boldsymbol{R}\,{}_3^0\boldsymbol{R}^v \tag{2-42}$$

绕向量 ${}_6^2\boldsymbol{P}$ 旋转 ψ 的旋转矩阵可根据下面的罗德里格斯旋转公式（Rodrigues's rotation formula）进行计算，即

$${}_\psi^0\boldsymbol{R} = \boldsymbol{I}_3 + \sin\psi({}_6^2\hat{\boldsymbol{P}}\times) + (1 - \cos\psi)({}_6^2\hat{\boldsymbol{P}}\times)^2 \tag{2-43}$$

式中，$({}_6^2\hat{\boldsymbol{P}}\times)$ 表示单位向量 ${}_6^2\hat{\boldsymbol{P}}$ 的叉乘矩阵，即

$$({}_6^2\hat{\boldsymbol{P}}\times) = \begin{pmatrix} 0 & -{}_6^2\hat{P}_x & {}_6^2\hat{P}_y \\ {}_6^2\hat{P}_z & 0 & -{}_6^2\hat{P}_x \\ -{}_6^2\hat{P}_y & {}_6^2\hat{P}_x & 0 \end{pmatrix} \tag{2-44}$$

将式（2-43）代入到式（2-42）中，化简整理后 ${}_3^0\boldsymbol{R}$ 可表示为

$${}_3^0\boldsymbol{R} = \boldsymbol{A}_s\sin\psi + \boldsymbol{B}_s\sin\psi + \boldsymbol{C}_s \tag{2-45}$$

式中

$$\boldsymbol{A}_s = ({}_6^2\hat{\boldsymbol{P}}\times){}_3^0\boldsymbol{R}^v \tag{2-46}$$

$$\boldsymbol{B}_s = -({}_6^2\hat{\boldsymbol{P}}\times)^2\,{}_3^0\boldsymbol{R}^v \tag{2-47}$$

$$\boldsymbol{C}_s = ({}_6^2\hat{\boldsymbol{P}}\,{}_6^2\hat{\boldsymbol{P}}^T)\,{}_3^0\boldsymbol{R}^v \tag{2-48}$$

根据机械臂的 D-H 参数和正运动学公式，${}^0_3\boldsymbol{R}$ 可表示为

$$
{}^0_3\boldsymbol{R}(\theta_{1,2,3})=\begin{pmatrix}\times & \cos\theta_1\sin\theta_2 & \times \\ \times & \sin\theta_1\sin\theta_2 & \times \\ -\sin\theta_2\cos\theta_3 & \cos\theta_2 & -\sin\theta_2\sin\theta_3\end{pmatrix} \tag{2-49}
$$

因此，实际关节角 θ_1、θ_2、θ_3 的值可以求出，即

$$
\theta_1=\mathrm{Atan2}\left[\,\mathrm{GC}_2(a_{s22}\sin\psi+b_{s22}\cos\psi+c_{s22})\,,\mathrm{GC}_2(a_{s12}\sin\psi+b_{s12}\cos\psi+c_{s12})\,\right] \tag{2-50}
$$

$$
\theta_2=\mathrm{GC}_2\arccos(a_{s32}\sin\psi+b_{s32}\cos\psi+c_{s32}) \tag{2-51}
$$

$$
\theta_3=\mathrm{Atan2}\left[\,\mathrm{GC}_2(-a_{s33}\sin\psi-b_{s33}\cos\psi-c_{s33})\,,\mathrm{GC}_2(-a_{s31}\sin\psi-b_{s31}\cos\psi-c_{s31})\,\right] \tag{2-52}
$$

得到姿态矩阵 ${}^0_3\boldsymbol{R}$ 后，${}^4_7\boldsymbol{R}$ 也可以获得，即

$$
{}^4_7\boldsymbol{R}=\boldsymbol{A}_w\sin\psi+\boldsymbol{B}_w\sin\psi+\boldsymbol{C}_w \tag{2-53}
$$

式中

$$
\boldsymbol{A}_w={}^3_4\boldsymbol{R}^{\mathrm{T}}\boldsymbol{A}_s^{\mathrm{T}}{}^0_7\boldsymbol{R} \tag{2-54}
$$

$$
\boldsymbol{B}_w={}^3_4\boldsymbol{R}^{\mathrm{T}}\boldsymbol{B}_s^{\mathrm{T}}{}^0_7\boldsymbol{R} \tag{2-55}
$$

$$
\boldsymbol{C}_w={}^3_4\boldsymbol{R}^{\mathrm{T}}\boldsymbol{C}_s^{\mathrm{T}}{}^0_7\boldsymbol{R} \tag{2-56}
$$

相应的，${}^4_7\boldsymbol{R}$ 可以表示为

$$
{}^4_7\boldsymbol{R}(\theta_{5,6,7})=\begin{pmatrix}\times & \times & \cos\theta_5\sin\theta_6 \\ \times & \times & \sin\theta_5\sin\theta_6 \\ -\sin\theta_6\cos\theta_7 & \sin\theta_6\sin\theta_7 & \cos\theta_6\end{pmatrix} \tag{2-57}
$$

结合全局配置参数 GC_k，剩下的关节角的值可以计算得到

$$
\theta_5=\mathrm{Atan2}\left[\,\mathrm{GC}_6(a_{w23}\sin\psi+b_{w23}\cos\psi+c_{w23})\,,\mathrm{GC}_6(a_{w13}\sin\psi+b_{w13}\cos\psi+c_{w13})\,\right] \tag{2-58}
$$

$$
\theta_6=\mathrm{GC}_6\arccos(a_{w33}\sin\psi+b_{w33}\cos\psi+c_{w33}) \tag{2-59}
$$

$$
\theta_7=\mathrm{Atan2}\left[\,\mathrm{GC}_6(a_{w32}\sin\psi+b_{w32}\cos\psi+c_{w32})\,,\mathrm{GC}_6(-a_{w31}\sin\psi-b_{w31}\cos\psi-c_{w31})\,\right] \tag{2-60}
$$

综上所述，若机械臂的末端位姿 ${}^0_7\boldsymbol{T}$ 已知，则给定臂型角 ψ 即可求出机械臂的逆运动学结果。由于全局配置参数 GC_2、GC_4、GC_6 的排列组合结果共有 8 种，因此可求得 8 组逆运动学结果。给定臂型角时求解其他关节角的过程如图 2-19 所示。

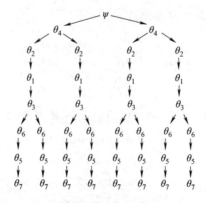

图 2-19　给定臂型角时求解其他关节角的过程

2.4　协作机器人路径规划

简单地说，机械臂路径规划就是给定起点位置 A 和终点位置 B，在有约束的环境下，为机械臂规划出一条从起点到终点的路径。规划可以在二维空间中进行，也可以在高维空间中进行，前者可以是为移动机器人规划出一条从起点到达指定地点的最短运动路径，后者可以是为机械臂规划出一条从起始位姿到终点位姿的无碰撞运动路径。移动机器人的路径规划一般是在笛卡儿空间中进行，大多数情况可以将移动机器人看作是一个质点，只需要这个质点从起始位置无碰撞地到达目标位置即可。但对于高维空间的机械臂，其规划难度要大很多。

复杂环境下机器人路径规划的基本问题是：在一个由单一或多个障碍物组成的静态或动态环境中，对机器人进行避障运动路径规划，而复杂的运行环境中存在的随机性、模糊性和不可预测性等不确定性因素会给机器人路径规划带来诸多困难。随着协作机器人成为现代工业以及人类日常生活的重要组成部分，机器人路径规划以及碰撞检测问题已引起很多学者的关注，特别是针对机器人在复杂环境中的规划问题，该问题可描述为：给定机器人运动学参数、工作环境信息、初始及目标状态，路径规划需要解决的问题是计算机器人的可行运动路径，同时在路径规划过程中要考虑运动学及环境约束。路径规划从控制方法上区分大体可分为两类，即全局路径规划和局部路径规划。

2.4.1　全局路径规划

全局路径规划通常情况下要求环境状态已知，然后基于环境信息计算机器人的最优路径。该方法的不足之处在于无法处理环境中的未知障碍物以及动态障碍物。

典型的全局路径规划包括基于采样算法的概率路线图（Probabilistic Roadmaps，PRM）以及快速搜索随机树（Rapidly-exploring Random Trees，RRT）。其中，PRM 算法是一种多重查询方法。首先构造一个无碰撞路线图（数据库），它表示一组丰富的无碰撞轨迹，然后通过图搜索计算得出路线图中连接机器人初始和最终状态的最短路径。PRM 算法在概率上是完备的，并适用于高维状态空间。然而大多数实时规划问题都无须多重查询，同时计算无碰撞路线图在一些应用环境中是不可行的。基于增量采样的单一查询路径规划方法，即 RRT 算法能够解决上述问题，该算法避免了对先验样本数量的设置，并在算法构建的轨迹集足够丰富后立即返回局部最优路径，从而实现在线规划，RRT 算法示意如图 2-20 所示。RRT 算法还衍生出 Bi-RRT（双向 RRT）、RRT*、Bi-RRT* 等算法，进一步提高了规划算法的搜索效率和性能。Bi-RRT 算法示意如图 2-21 所示。

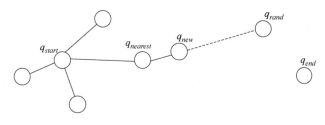

图 2-20　RRT 算法示意图

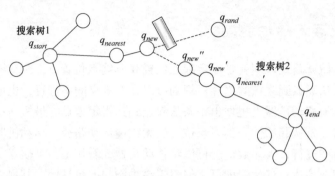

图 2-21　Bi-RRT 算法示意图

在过去的研究中，PRM 算法和 RRT 算法始终是机器人全局路径规划技术研究的重点，许多研究者提出了一系列改进算法。D. Hsu 和 R. Kindel 等提出了一种机器人随机运动路径规划方法，可使机器人在运动学和动态运动共同约束下达到指定的目标位置，同时避免与已知运动轨迹的动态障碍物发生碰撞。该方法利用控制系统对机器人运动约束进行编码，之后通过随机选择控制输入并整合其运动方程对机器人状态空间进行采样，进而基于 PRM 算法计算得出机器人最优避障路径。Chen 等提出了一种基于虚拟力场的 PRM 规划方法，可以有效地避开杂乱环境中的障碍物，但该方法计算量较大，对于实时性要求较高的场合并不适用。A. Bry 和 N. Roy 基于传统 RRT 算法提出一种快速搜索随机信任树算法，该算法利用局部线性二次型高斯控制方法来预测候选路径在轨迹上的分布情况，然后利用增量采样法对标称轨迹空间进行优化。此外，该算法以增量方式构造状态空间的轨迹图，同时在每次迭代时搜索通过该图的候选路径。为解决 RRT 算法的采样效率问题，T. Lai 和 F. Ramos 等提出了一种基于增量式最优查询的多障碍物工作环境路径规划算法，该算法利用多个不相交树以及通过马尔可夫链随机采样法来搜索工作空间的局部连通性，通过平衡全局搜索和局部搜索来提高基于采样的路径规划算法的计算效率。谢碧云等结合末端姿态调整和关节自运动来生成目标树，提出一种新的 Bi-RRT 算法，与 RRT 算法相比，提高了算法的计算速度，虽然对于离线规划而言速度有所提高，但作为概率类算法，对于实时性要求较高的在线规划任务而言，该方法并不适用。

此外，A* 算法也是一种全局路径规划方法，该算法是一种典型的启发式搜索算法，能够有效地在静态路网中求解最短路径。贾庆轩等利用机械臂模型与障碍物模型之间的几何关系，将笛卡儿空间的障碍物映射到机械臂构型空间，然后运用 A* 算法在其自由空间中搜索得到一条无碰撞路径。但随着机械臂自由度数量的增加，将障碍物映射到构型空间的计算复杂度会增大。

2.4.2　局部路径规划

局部路径规划主要针对非结构环境中的运动规划，可根据工作环境的局部信息来实现机器人实时运动路径规划，因此该方法要求控制系统具有高效的信息处理及计算能力。由此可见，局部路径规划具有处理动态障碍物的能力，更加适合非结构化环境中机器人的实时运动路径规划。

局部路径规划问题不仅包括寻找一条机器人运动轨迹，同时还要考虑障碍物的位置和运动速度以及机器人运动学和力学约束。在动态环境中，移动机器人的运动轨迹可采用速度障碍法（velocity obstacles）的概念来计算，它表示机器人速度会导致在一定时间窗口内与障碍物发生碰撞，因此机器人可通过选择速度障碍以外的速度来避免发生碰撞。同时为了确保该方法能够应用于动态环境中，需将机器人动力学以及驱动器约束映射到速度空间中。基于速度障碍法所生成的机器人运动轨迹一般由一系列规避障碍物的动作组成，这些规避动作是以不同时间间隔内建立的速度障碍区域进行计算的。

人工势场法将目标对机器人系统的"引力"和障碍物对机器人系统的"斥力"合成，不断地调整机器人系统的运动状态。该方法计算简单、实时性高，但是也存在着局部极值点的问题。该方法首先由 K. Fujimura 提出，且仅适用于静态工作环境，并且需要已知机器人的质量、位置、速度、加速度以及目标位置等信息，同时还需假设在每个时刻只有一个障碍物靠近机器人。为解决上述问题，S. S. Ge 和 Y. J. Cui 设计了一种基于人工势场法并可用于在目标和障碍物移动的动态环境中进行机器人运动路径规划的方法，该方法首先定义了新的势场函数和相应的虚拟力，并讨论了局部极小值的问题，然后根据机器人的驱动类型，通过牛顿定律或转向控制以及总虚拟力计算机器人的运动控制。F. Coelho 和 M. Faria Pinto 等提出了一种用于自主移动机器人的混合规划方法，主要包括定位、映射以及离线和在线规划。其中，离线规划基于直接 DRRT＊（Direct-DRRT＊）算法，在线规划采用可用于避障规划的标准人工势场法。Wang 等使用人工势场算法进行轨迹规划，谢龙等提出了一种基于改进势场法的动态避障规划算法，在笛卡儿空间中构造势场函数，当机械臂陷入局部极小值时，在最近点处添加虚拟障碍，使机械臂逃出局部极值，从而为机械臂规划一条无碰撞路径并控制机械臂追踪动态目标。

2.4.3　路径规划过程碰撞检测

在进行路径规划时，需要实时检测机械臂从一个构型运动到另一个构型时是否会发生碰撞。对碰撞进行检测的方法包括静态碰撞检测算法和动态碰撞检测算法两大类。静态碰撞检测算法针对静止状态下的各个物体进行检测，精度较高，计算复杂度也较高；动态碰撞检测算法则是针对位置姿态发生变化的各个物体进行检测。其中基于空间的碰撞检测算法应用广泛，包括空间分割法和层次包围盒法。

空间分割法将整个空间划分成一系列体积相等的单元格，只对处于同一单元格的物体进行检测，适用于空间中均匀分布的障碍物的碰撞检测。在物体进行运动时，对物体占据的单元格重新进行碰撞检测计算，常用的方法有均匀网格法、八叉树法、二叉搜索树（Binary Search Tree，BST）等。层次包围盒法使用体积略大于物体且形状与物体相似的"盒子"包围物体，将物体的碰撞转换为包围盒相交的问题，计算速度较快。常用的包围盒有 AABB（Axis Aligned Bounding Box）包围盒、Sphere 包围盒、OBB（Oriented Bounding Box）包围盒等。

AABB 包围盒是最基础的包围盒，其使用一个在空间中方向固定的长方体将物体包围，长方体的三条边分别与世界坐标系的 X、Y、Z 轴方向平行，无论物体如何旋转，包围盒的轴向始终不变，其示意如图 2-22 所示。

AABB 包围盒形式简单，计算速度快，但是它忽略了模型的形状和方向，并且紧密性差，浪费了很大的空间。

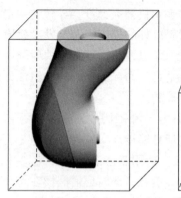
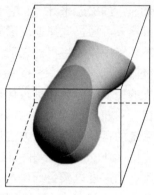

图 2-22　AABB 包围盒示意图

Sphere 包围盒与 AABB 包围盒类似，其示意如图 2-23 所示，它使用一个球体将物体包围。Sphere 包围盒不需要考虑方向，通过两个球心之间的距离即可判断包围盒是否发生碰撞。

Sphere 包围盒计算简单，但浪费的空间较多，其形状对于细长构型的机械臂并不适用。OBB 包围盒同样采用六面体将物体包围，与 AABB 包围盒不同的是，OBB 包围盒的每条边不需要与坐标轴平行，而是根据物体自身的形状来决定包围盒的大小与方向，相比于 AABB 包围盒，OBB 包围盒紧密性更好，但也更加复杂，其示意如图 2-24 所示。

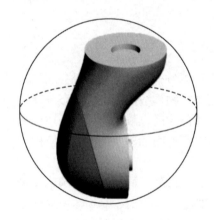

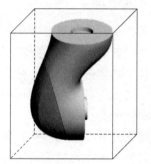
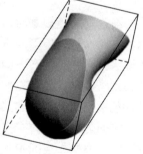

图 2-23　Sphere 包围盒示意图　　　　　　　　　图 2-24　OBB 包围盒示意图

2.4.4　人机协作过程路径规划

对于协作机器人来说，机器人需要与人密切互动并有效协作，其首要的问题是安全，这也是共存与合作的前提。

为了在共享工作空间中实现安全高效的人-机器人协作，机器人在执行任务时应考虑可能的未来移动并预测人的可达空间概率。由于人的运动是快速和可变的，因此预测未知任务中人的运动非常具有挑战性。然而，现有的方法缺乏适应人类时变行为的能力。此外，许多方法无法量化预测中的不确定性，此时可使用基于人体运动约束的二阶运动学模型，如从不同人群的演示中收集最大速度和加速度约束。约束预测模型是保守的，可以适应人类的时变行为，该模型已用于预测不同人群的运动。实验结果表明，该方法对所有相关运动都具有一定的计算效率和鲁棒性。

近年来，各种支持安全物理人-机器人交互的技术和方法被开发出来。由于在人-机器人协作场景中，安全性与速度和能量边界直接相关，因此用于提升安全性的方法集中于对机器人施加各种限制，如速度、扭矩、功率和分离距离，但即使满足如此烦琐的要求也不能保证绝对安全。人与机器人的无碰撞共存和协作需要对人体运动进行预测，由于人类行为的非线性和随机性，导致这很难实现。此外，对某一个人有效的预测模型可能不适用于另一个人，因为个体差异很明显。

在神经科学和生物力学领域，已经进行了早期尝试来模拟人体运动的基本原理。然而，由于存在障碍、不明确和不同的意图，很难描述协作环境中的人体运动。预测人类行为的一种常见方法是基于从真实场景收集的数据，通过监督学习来训练机器学习模型。该方法使用人体的当前状态、先前状态和潜在的动作历史来直接预测未来的运动。

由于无法可靠地预测人体运动，一些研究人员使用概率模型来预测运动。Mainprice 和 Berenson 开发了一种用于人机协作的操作规划框架，其中提出了基于高斯混合模型（Gaussian Mixture Models，GMM）的早期运动预测算法。Koppula 和 Saxena 提出了一种类似的方法，使用时间条件随机场预测人手的运动轨迹。人体运动可以表示为一系列骨骼关节位置，因此可使用深度学习方法，如递归神经网络（Recurrent Neural Networks，RNN）、长短期记忆（Long Short Term Memory，LSTM）等来预测人类的运动轨迹。

这些方法在人体运动预测方面取得了巨大成功，但它们很难训练，无法适应人类的时变行为。Cheng 等提出了一种自适应神经网络来估计腕关节的运动，以适应人类的时变行为。该方法获得了很高的预测精度，但对于预测多关节或长期人体运动来说，非常耗时。上述方法中的大多数是针对特定类型的运动设计和调整的，因此不能很好地推广到其他领域的预测。如应用于非结构化的任务时，基于动作模型的预测器并不能很好地工作。

一些研究人员直接预测人体运动，而不是基于有监督的机器学习。Jarrasse 等为了增加预测的时间范围，使用了无监督方法（条件变分自动编码器）来预测未来可能的人体运动。该方法可以预测长达 1660ms 的人体运动，并对不确定性进行定量预测，但计算效率有待提升。

由于人的手臂与机器人直接交互，而且它们也是人身体中最灵活、运动最快的部分，因此西安交通大学刘宝林等专注于在人-机器人共享空间中对人类手臂的运动进行预测，如图 2-25 所示。虽然头部和躯干在碰撞过程中更危险，更需要保证其安全，但它们的移动速度更慢，预测的技术挑战较小。他们提出一种基于运动约束的简单快速的方法来估计人体在笛卡儿空间中的空间占用情况，该方法适用于所有关节，包括手臂、头部和躯干，可用于适应时变行为，以安全地与人类协作。协作机器人运动规划中使用的人类骨骼关节如图 2-26 所示。他们还提出了一种简单有效的方法来预测短期人类可达占用率，并考虑了未来几个时间步（$\Delta t \leq 0.2s$）内人类的所有可能移动。该方法基于身体部位的恒定尺寸以及最大关节速度和加速度。此外，为了提高协作安全性和缩短机器人的响应时间，基于机器人和人的运动速度建立了动态预测视界函数。广泛的实验验证了该约束模型在计算上是有效的（平均计算时间小于 2ms），并且在不同的运动类别和不同的人之间是鲁棒的。其预测结果可集成到局部轨迹规划器中以生成安全运动轨迹。

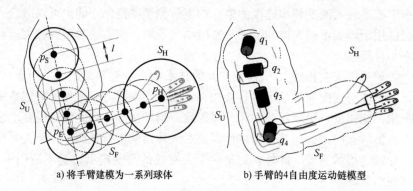

a) 将手臂建模为一系列球体　　　b) 手臂的4自由度运动链模型

图 2-25　在人-机器人共享空间中对人类手臂的运动进行预测

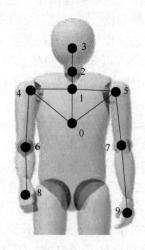

图 2-26　协作机器人运动规划中使用的人类骨骼关节

0—脊柱中间　1—脊柱肩部　2—颈部　3—头部　4—肩部右侧　5—肩部左侧

6—肘部右侧　7—肘部左侧　8—右手　9—左手

第3章

协作机器人动力学

3.1 机械臂动力学建模

作为经典的多体系统，研究机械臂动力学建模方法，也是在研究多体系统动力学建模方法。根据出发思路的不同可分为矢量力学法和分析力学法两大类。

矢量力学法的代表方法为牛顿-欧拉法。其基础是描述线性运动的牛顿运动方程和描述转动的欧拉方程。这种方法单独分析建立各个部件的动力学方程，并通过各部件间的相互作用将整个系统关联起来。牛顿-欧拉法物理含义明确，易形成递推关系，但需要对每个部件建立动力学方程，引入了大量的内力项，导致动力学方程数目多，计算效率较低。

分析力学法的代表方法有拉格朗日方程法和 Kane 法。Kane 法结合了矢量力学法和分析力学法的观点。这种方法以相对能量为推导形式，首先定义广义坐标变量偏速度矢量和偏角速度矢量，然后将各杆件的惯性力/力矩和主动力/力矩乘以偏速度矢量和偏角速度矢量，最后对整个机械臂系统求和，即可得到机械臂系统的动力学方程。这种方法避免了内力项，推导较为系统化，但某些物理量（如偏速度）的含义不易理解。

拉格朗日方程法是基于最小作用量原理的方法。这种方法首先基于运动学方程推导系统各组成部件的动能和势能表达式，然后将动能和势能表达式代入拉格朗日方程，得到机械臂系统的动力学模型。拉格朗日方程法避免了大量的内力项，模型的数学形式简洁，但主要适用于结构较为简单的多体系统。

牛顿-欧拉法和拉格朗日方程法是最为常用的两种机械臂动力学建模方法，这两种方法的对比见表 3-1。

表 3-1　牛顿-欧拉法和拉格朗日方程法的对比

序号	牛顿-欧拉法	拉格朗日方程法
1	递归形式	闭环形式
2	结构性不太好	良好的结构性

（续）

序号	牛顿-欧拉法	拉格朗日方程法
3	无通用属性	存在通用的属性
4	控制器设计困难	适用于控制器设计

因此，对于控制器设计和闭环稳定性分析，优选基于拉格朗日方程的闭环形式动力学。

3.2　基于拉格朗日方程的机械臂动力学建模

3.2.1　拉格朗日方程

基于拉格朗日方程的机器人动力学建模，其基本思想是将拉格朗日方程应用于机器人动力学建模。拉格朗日方程为

$$\frac{\mathrm{d}}{\mathrm{d}t}\frac{\partial L}{\partial \dot{q}_i}-\frac{\partial L}{\partial q_i}=\tau_i \tag{3-1}$$

对于多自由度机器人来说，也可以写成

$$\frac{\mathrm{d}}{\mathrm{d}t}\frac{\partial L}{\partial \dot{\boldsymbol{q}}}-\frac{\partial L}{\partial \boldsymbol{q}}=\boldsymbol{\tau} \tag{3-2}$$

$L(\boldsymbol{q},\dot{\boldsymbol{q}})=K-P$ 表示拉格朗日函数，K 和 P 分别代表机器人系统的动能和势能；q_i 表示机器人第 i 个广义坐标值，τ_i 表示机器人第 i 个广义力/力矩，$i=1$，2，$\cdots$，n，即

$$\boldsymbol{q}=\begin{pmatrix} q_1 \\ q_2 \\ \vdots \\ q_n \end{pmatrix},\ \boldsymbol{\tau}=\begin{pmatrix} \tau_1 \\ \tau_2 \\ \vdots \\ \tau_n \end{pmatrix}$$

3.2.2　广义坐标和广义力

广义坐标的定义是一组完整地描述了机器人位置（位置以及姿态）的坐标。同一个机器人存在各种广义坐标集合，不同广义坐标的选择如图 3-1 所示。

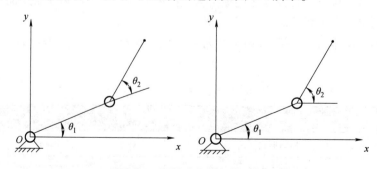

图 3-1　不同广义坐标的选择

广义坐标的一个常见而自然的选择是使用关节变量，即 θ_i、d_i，对于旋转关节，$q_i = \theta_i$；对于平动关节，$q_i = d_i$。

而广义力的定义取决于广义坐标的选择，由机器人的做功公式可知

$$w = \sum_{i=1}^{n} \tau_i \delta q_i = \boldsymbol{\tau}^{\mathrm{T}} \delta \boldsymbol{q} \tag{3-3}$$

因此，如果选择关节变量作为广义坐标，则广义力（或扭矩）是关节 i 处的作用力或扭矩 τ_i。

3.2.3　机器人系统动能推导

在计算系统动能前先计算连杆 i 上任一点速度，在计算速度前先计算机器人连杆 i 上任一点位置（见图 3-2），即

$$r_i^0 = {}_i^0 \boldsymbol{T} r_i^i \tag{3-4}$$

式中，r_i^0 表示连杆 i 上任一点相对于坐标系 0 的位置；r_i^i 表示连杆 i 上任一点相对于坐标系 i 的位置；${}_i^0 \boldsymbol{T} = {}_1^0 \boldsymbol{T} {}_2^1 \boldsymbol{T} \cdots {}_i^{i-1} \boldsymbol{T}$，${}_i^{i-1} \boldsymbol{T}$ 表示第 i 个坐标系相对于第 $i-1$ 个坐标系的齐次变换矩阵。r_i^i 点处的速度为

$$v_i^0 = v^0 = \frac{\mathrm{d}}{\mathrm{d}t} r_i^0 \tag{3-5}$$

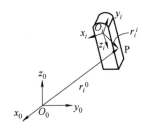

图 3-2　机器人连杆 i 上任一点位置

对式（3-5）中的表达式按照链式法则进行拆分可得

$$\begin{aligned}
v_i^0 &= \frac{\mathrm{d}}{\mathrm{d}t} r_i^0 = \frac{\mathrm{d}}{\mathrm{d}t}\left({}_i^0 \boldsymbol{T} r_i^i \right) = \frac{\mathrm{d}}{\mathrm{d}t}\left({}_1^0 \boldsymbol{T} {}_2^1 \boldsymbol{T} \cdots {}_i^{i-1} \boldsymbol{T} r_i^i \right) \\
&= {}_1^0 \dot{\boldsymbol{T}} {}_2^1 \boldsymbol{T} \cdots {}_i^{i-1} \boldsymbol{T} r_i^i + \cdots + {}_1^0 \boldsymbol{T} {}_2^1 \boldsymbol{T} \cdots {}_i^{i-1} \dot{\boldsymbol{T}} r_i^i + {}_i^0 \boldsymbol{T} \dot{r}_i^i \\
&= \left(\sum_{j=1}^{i} {}_1^0 \boldsymbol{T} {}_2^1 \boldsymbol{T} \cdots {}_j^{j-1} \dot{\boldsymbol{T}} {}_{j+1}^{j} \boldsymbol{T} \cdots {}_i^{i-1} \boldsymbol{T} \right) r_i^i \\
&= \left(\sum_{j=1}^{i} {}_1^0 \boldsymbol{T} {}_2^1 \boldsymbol{T} \cdots {}_{j-1}^{j-2} \boldsymbol{T} \frac{\partial {}_j^{j-1} \boldsymbol{T}}{\partial q_j} {}_{j+1}^{j} \boldsymbol{T} \cdots {}_i^{i-1} \boldsymbol{T} \dot{q}_j \right) r_i^i \\
&= \left(\sum_{j=1}^{i} {}_{j-1}^0 \boldsymbol{T} \frac{\partial {}_j^{j-1} \boldsymbol{T}}{\partial q_j} {}_i^j \boldsymbol{T} \dot{q}_j \right) r_i^i \\
&= \left(\sum_{j=1}^{i} \frac{\partial {}_i^0 \boldsymbol{T}}{\partial q_j} \dot{q}_j \right) r_i^i
\end{aligned} \tag{3-6}$$

式中，$\,^{j-1}_j\dot{\boldsymbol{T}}=\dfrac{\partial^{j-1}_j\boldsymbol{T}}{\partial q_j}\dot{q}_j$。

式（3-6）中几个变量可以变换成

$$\frac{\partial^{j-1}_j\boldsymbol{T}}{\partial q_j}=\boldsymbol{Q}_j\,^{j-1}_j\boldsymbol{T} \tag{3-7}$$

$$\frac{\partial^0_i\boldsymbol{T}}{\partial q_j}=\,^0_{j-1}\boldsymbol{T}\boldsymbol{Q}_j\,^{j-1}_i\boldsymbol{T}\triangleq u_{ij} \tag{3-8}$$

因此，第 i 个关节的速度可以表示为

$$v_i^0=\left(\sum_{j=1}^i u_{ij}\dot{q}_j\right)\boldsymbol{r}_i^i \tag{3-9}$$

常用的第 i 个坐标系相对于第 $i-1$ 个坐标系的齐次变换矩阵表达见式（3-10）、式（3-11）。

对旋转关节来说，为

$$^{i-1}_i\boldsymbol{T}=\begin{pmatrix} c\theta_i & -c\alpha_i s\theta_i & s\alpha_i s\theta_i & a_i c\theta_i \\ s\theta_i & c\alpha_i c\theta_i & -s\alpha_i c\theta_i & a_i s\theta_i \\ 0 & s\alpha_i & c\alpha_i & d_i \\ 0 & 0 & 0 & 1 \end{pmatrix} \tag{3-10}$$

对于平动关节来说，为

$$^{i-1}_i\boldsymbol{T}=\begin{pmatrix} c\theta_i & -c\alpha_i s\theta_i & s\alpha_i s\theta_i & 0 \\ s\theta_i & c\alpha_i c\theta_i & -s\alpha_i c\theta_i & 0 \\ 0 & s\alpha_i & c\alpha_i & d_i \\ 0 & 0 & 0 & 1 \end{pmatrix} \tag{3-11}$$

式（3-10）和式（3-11）的不同之处在于平动关节中的连杆长度 $a_i=0$。

同时，$\boldsymbol{Q}_i$ 定义为式（3-12）、式（3-13）。

对于旋转关节来说，为

$$\boldsymbol{Q}_i=\begin{pmatrix} 0 & -1 & 0 & 0 \\ 1 & 0 & 0 & 0 \\ 0 & 0 & 0 & 0 \\ 0 & 0 & 0 & 0 \end{pmatrix} \tag{3-12}$$

对于平动关节来说，为

$$\boldsymbol{Q}_i=\begin{pmatrix} 0 & 0 & 0 & 0 \\ 0 & 0 & 0 & 0 \\ 0 & 0 & 0 & 1 \\ 0 & 0 & 0 & 0 \end{pmatrix} \tag{3-13}$$

在以上基础上，计算第 i 个连杆相对于基座的动能。令 K_i 为第 i 个连杆相对于基座的动能，计算公式为

$$\begin{aligned} \mathrm{d}K_i&=\frac{1}{2}\boldsymbol{v}_i^{\mathrm{T}}\boldsymbol{v}_i\mathrm{d}m \\ &=\frac{1}{2}\mathrm{tr}(\boldsymbol{v}_i\boldsymbol{v}_i^{\mathrm{T}})\mathrm{d}m \end{aligned} \tag{3-14}$$

式中，$\boldsymbol{v}_i = \begin{pmatrix} \dot{x}_i \\ \dot{y}_i \\ \dot{z}_i \\ 0 \end{pmatrix}$；$\boldsymbol{v}_i^{\mathrm{T}} = \begin{bmatrix} \dot{x}_i & \dot{y}_i & \dot{z}_i & 0 \end{bmatrix}_{1\times4}$；$\boldsymbol{v}_i\boldsymbol{v}_i^{\mathrm{T}} = \begin{pmatrix} \dot{x}_i^2 & \dot{x}_i\dot{y}_i & \dot{x}_i\dot{z}_i & 0 \\ \dot{y}_i\dot{x}_i & \dot{y}_i^2 & \dot{y}_i\dot{z}_i & 0 \\ \dot{z}_i\dot{x}_i & \dot{z}_i\dot{y}_i & \dot{z}_i^2 & 0 \\ 0 & 0 & 0 & 0 \end{pmatrix}$；$\mathrm{tr}(\,\cdot\,)$ 表示求矩阵的

迹的函数。

由关节速度表达式可知

$$\boldsymbol{v}_i = \sum_{j=1}^{i} u_{ij}\dot{q}_j\boldsymbol{r}_i^i \tag{3-15}$$

对于连杆 i 上的质量元 $\mathrm{d}m$ 来说，动能可以表示为

$$\begin{aligned}
\mathrm{d}K_i &= \frac{1}{2}\mathrm{tr}\left[\sum_{p=1}^{i}\boldsymbol{u}_{ip}\dot{q}_p\boldsymbol{r}_i^i\left(\sum_{r=1}^{i}\boldsymbol{u}_{ir}\right)^{\mathrm{T}}\dot{q}_r\boldsymbol{r}_i^i\right]\mathrm{d}m \\
&= \frac{1}{2}\mathrm{tr}\left\{\sum_{p=1}^{i}\sum_{r=1}^{i}\boldsymbol{u}_{ip}\left[\boldsymbol{r}_i^i(\boldsymbol{r}_i^i)^{\mathrm{T}}\mathrm{d}m\right]\boldsymbol{u}_{ir}^{\mathrm{T}}\dot{q}_p\dot{q}_r\right\}
\end{aligned} \tag{3-16}$$

注意，$\boldsymbol{u}_{ip}$、$\boldsymbol{u}_{ir}$、$\dot{q}_p$、$\dot{q}_r$ 独立于第 i 个连杆的位置 $\boldsymbol{r}_i^i$。

在此基础上，对所有分量进行积分可得

$$\begin{aligned}
K_i &= \int \mathrm{d}K_i \\
&= \frac{1}{2}\mathrm{tr}\left\{\sum_{p=1}^{i}\sum_{r=1}^{i}\boldsymbol{u}_{ip}\left[\int\boldsymbol{r}_i^i(\boldsymbol{r}_i^i)^{\mathrm{T}}\mathrm{d}m\right]\boldsymbol{u}_{ir}^{\mathrm{T}}\dot{q}_p\dot{q}_r\right\} \\
&= \frac{1}{2}\mathrm{tr}\left\{\sum_{p=1}^{i}\sum_{r=1}^{i}\boldsymbol{u}_{ip}\boldsymbol{J}_i\boldsymbol{u}_{ir}^{\mathrm{T}}\dot{q}_p\dot{q}_r\right\}
\end{aligned} \tag{3-17}$$

进一步，对所有连杆动能进行求和得到

$$\begin{aligned}
K &= \sum_{i=1}^{n}K_i = \frac{1}{2}\sum_{i=1}^{n}\mathrm{tr}\left(\sum_{p=1}^{i}\sum_{r=1}^{i}\boldsymbol{u}_{ip}\boldsymbol{J}_i\boldsymbol{u}_{ir}^{\mathrm{T}}\dot{q}_p\dot{q}_r\right) \\
&= \frac{1}{2}\sum_{i=1}^{n}\sum_{p=1}^{i}\sum_{r=1}^{i}\left[\mathrm{tr}(\boldsymbol{u}_{ip}\boldsymbol{J}_i\boldsymbol{u}_{ir}^{\mathrm{T}})\dot{q}_p\dot{q}_r\right]
\end{aligned} \tag{3-18}$$

式中

$$\begin{aligned}
\boldsymbol{J}_i &= \int\boldsymbol{r}_i^i(\boldsymbol{r}_i^i)^{\mathrm{T}}\mathrm{d}m = \begin{pmatrix}
\int x_i^2\mathrm{d}m & \int x_iy_i\mathrm{d}m & \int x_iz_i\mathrm{d}m & \int x_i\mathrm{d}m \\
\int x_iy_i\mathrm{d}m & \int y_i^2\mathrm{d}m & \int y_iz_i\mathrm{d}m & \int y_i\mathrm{d}m \\
\int x_iz_i\mathrm{d}m & \int y_iz_i\mathrm{d}m & \int z_i^2\mathrm{d}m & \int z_i\mathrm{d}m \\
\int x_i\mathrm{d}m & \int y_i\mathrm{d}m & \int z_i\mathrm{d}m & \int\mathrm{d}m
\end{pmatrix} \\
&= \begin{pmatrix}
1/2(-I_{xx}+I_{yy}+I_{zz}) & I_{xy} & I_{xz} & m_i\bar{x}_i \\
I_{xy} & 1/2(I_{xx}-I_{yy}+I_{zz}) & I_{yz} & m_i\bar{y}_i \\
I_{xz} & I_{yz} & 1/2(I_{xx}+I_{yy}-I_{zz}) & m_i\bar{z}_i \\
m_i\bar{x}_i & m_i\bar{y}_i & m_i\bar{z}_i & m_i
\end{pmatrix},
\end{aligned}$$

$$I_{xx} = \int_v (y^2+z^2)\,\mathrm{d}m, \quad I_{xy} = \int_v xy\,\mathrm{d}m, \quad I_{yy} = \int_v (x^2+z^2)\,\mathrm{d}m, \quad I_{yz} = \int_v yz\,\mathrm{d}m, \quad I_{zz} = \int_v (x^2+y^2)\,\mathrm{d}m, \quad I_{xz} =$$
$\int_v xz\,\mathrm{d}m$, m_i 表示第 i 个连杆质量，$(\bar{x}_i, \bar{y}_i, \bar{z}_i)$ 表示第 i 个连杆质心。

动能还可以表示为二次形式，即

$$K = \frac{1}{2}\dot{\boldsymbol{q}}^{\mathrm{T}} \boldsymbol{D}(\boldsymbol{q}) \dot{\boldsymbol{q}} \tag{3-19}$$

式中，$d_{jk} = \sum\limits_{i=\max(j,k)}^{n} \mathrm{tr}(\boldsymbol{u}_{ij} \boldsymbol{J}_i \boldsymbol{u}_{ik}^{\mathrm{T}})$。由此可知，$j$、$k$ 越小，d_{jk} 中包含的分量越多，这是因为前面连杆的速度会对后面连杆的动能产生影响。证明过程如下：

定义 $\mathrm{Tr}_{ijk} = \mathrm{tr}(\boldsymbol{u}_{ij} \boldsymbol{J}_i \boldsymbol{u}_{ik}^{\mathrm{T}})$，即

$$
\begin{aligned}
K &= \frac{1}{2}\sum_{i=1}^{n}\sum_{j=1}^{i}\sum_{k=1}^{i}\left[\mathrm{tr}(\boldsymbol{u}_{ij}\boldsymbol{J}_i\boldsymbol{u}_{ik}^{\mathrm{T}})\dot{q}_j\dot{q}_k\right]\\
&= \frac{1}{2}\dot{q}_1\mathrm{Tr}_{111}\dot{q}_1 + \frac{1}{2}\sum_{j=1}^{2}\sum_{k=1}^{2}\mathrm{Tr}_{2jk}\dot{q}_j\dot{q}_k + \cdots + \frac{1}{2}\sum_{j=1}^{n}\sum_{k=1}^{n}\mathrm{Tr}_{njk}\dot{q}_k\dot{q}_j\\
&= \frac{1}{2}\dot{q}_1\mathrm{Tr}_{111}\dot{q}_1 + \frac{1}{2}\begin{pmatrix}\dot{q}_1\\\dot{q}_2\end{pmatrix}^{\mathrm{T}}\begin{pmatrix}\mathrm{Tr}_{211} & \mathrm{Tr}_{212}\\ \mathrm{Tr}_{221} & \mathrm{Tr}_{222}\end{pmatrix}\begin{pmatrix}\dot{q}_1\\\dot{q}_2\end{pmatrix} + \cdots + \frac{1}{2}\begin{pmatrix}\dot{q}_1\\\dot{q}_2\\\vdots\\\dot{q}_n\end{pmatrix}^{\mathrm{T}}\begin{pmatrix}\mathrm{Tr}_{n11} & \mathrm{Tr}_{n12} & \cdots & \mathrm{Tr}_{n1n}\\ \mathrm{Tr}_{n21} & \mathrm{Tr}_{n22} & \cdots & \mathrm{Tr}_{n2n}\\ \vdots & \vdots & & \vdots\\ \mathrm{Tr}_{nn1} & \mathrm{Tr}_{nn2} & \cdots & \mathrm{Tr}_{nnn}\end{pmatrix}\begin{pmatrix}\dot{q}_1\\\dot{q}_2\\\vdots\\\dot{q}_n\end{pmatrix}
\end{aligned}
\tag{3-20}
$$

式中，$\frac{1}{2}\dot{q}_1\mathrm{Tr}_{111}\dot{q}_1$ 可以改写为

$$\dot{q}_1\mathrm{Tr}_{111}\dot{q}_1 = \begin{pmatrix}\dot{q}_1\\\vdots\\\dot{q}_n\end{pmatrix}^{\mathrm{T}}\begin{pmatrix}\mathrm{Tr}_{111} & 0 & \cdots & 0\\ 0 & 0 & \cdots & 0\\ \vdots & \vdots & & \vdots\\ 0 & 0 & \cdots & 0\end{pmatrix}\begin{pmatrix}\dot{q}_1\\\vdots\\\dot{q}_n\end{pmatrix} \tag{3-21}$$

因此，系统动能可以写成二次形式，见式（3-19）。

3.2.4 机器人系统势能推导

对于连杆 i 来说，机器人的势能为

$$P_i = -m_i\boldsymbol{g}^{\mathrm{T}}\bar{\boldsymbol{r}}_i^0 = -m_i\boldsymbol{g}^{\mathrm{T}}(\boldsymbol{T}_i^0\bar{\boldsymbol{r}}_i^i) \tag{3-22}$$

式中，$\bar{\boldsymbol{r}}_i^0$ 表示连杆质心位置；m_i 表示第 i 个连杆质量；$\boldsymbol{g}$ 表示重力矢量，即 $\boldsymbol{g}^{\mathrm{T}} = (g_x g_y g_z 0)$。进而计算机器人的总势能，即

$$P = \sum P_i = \sum_{i=1}^{n} -m_i\boldsymbol{g}^{\mathrm{T}}(\boldsymbol{T}_i^0\bar{\boldsymbol{r}}_i^i) \tag{3-23}$$

注意，$\|\boldsymbol{g}\| = \sqrt{g_x^2 + g_y^2 + g_z^2} = 9.8\mathrm{m/s}^2$。质点重力求解示意如图 3-3 所示，对于水平系统来说，$\boldsymbol{g}$，$\boldsymbol{r}$ 为

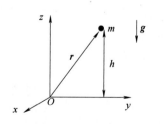

图 3-3 质点重力求解示意图

$$g = \begin{pmatrix} 0 \\ 0 \\ -9.8 \\ 0 \end{pmatrix}, \; r = \begin{pmatrix} x \\ y \\ h \\ 1 \end{pmatrix} \tag{3-24}$$

因此，$P = m \times 9.8 \times h = -m g^{\mathrm{T}} r$。

对于空间机器人而言，需要根据具体情况对 g 进行设置，如月球表面的重力加速度系数约为地球表面的 1/6。

3.2.5　拉格朗日动力学方程

求解完动能和势能之后，即可计算系统的拉格朗日函数，即

$$\begin{aligned} L(q, \dot{q}) &= K - P \\ &= \frac{1}{2} \dot{q}^{\mathrm{T}} D(q) \dot{q} + \sum_{i=1}^{n} m_i g^{\mathrm{T}} (T_i^0 \bar{r}_i^i) \\ &= \frac{1}{2} \sum_{i=1}^{n} \sum_{j=1}^{n} d_{ij}(q) \dot{q}_i \dot{q}_j - P(q) \end{aligned} \tag{3-25}$$

进而，求解拉格朗日方程，即

$$\frac{\mathrm{d}}{\mathrm{d}t} \frac{\partial L}{\partial \dot{q}_i} - \frac{\partial L}{\partial q_i} = \tau_i \tag{3-26}$$

因此有

$$\frac{\partial L}{\partial \dot{q}_k} = \sum_{j=1}^{n} d_{kj}(q) \dot{q}_j, \; k = 1, 2, \cdots, n \tag{3-27}$$

$$\frac{\mathrm{d}}{\mathrm{d}t} \frac{\partial L}{\partial \dot{q}_k} = \sum_{j=1}^{n} d_{kj}(q) \ddot{q}_j + \sum_{j=1}^{n} \left[\sum_{i=1}^{n} \frac{\partial d_{kj}(q)}{\partial \dot{q}_i} \dot{q}_i \right] \dot{q}_j \tag{3-28}$$

$$\frac{\partial L}{\partial q_k} = \frac{1}{2} \sum_{i=1}^{n} \sum_{j=1}^{n} \frac{\partial d_{ij}(q)}{\partial q_k} \dot{q}_i \dot{q}_j - \frac{\partial P(q)}{\partial q_k} \tag{3-29}$$

以 2 自由度机械臂动力学为例来进行说明，即

$$\frac{1}{2} \begin{pmatrix} \dot{q}_1 \\ \dot{q}_2 \end{pmatrix}^{\mathrm{T}} \begin{pmatrix} d_{11} & d_{12} \\ d_{21} & d_{22} \end{pmatrix} \begin{pmatrix} \dot{q}_1 \\ \dot{q}_2 \end{pmatrix} = \frac{1}{2} d_{11} \dot{q}_1^2 + \frac{1}{2} d_{12} \dot{q}_1 \dot{q}_2 + \frac{1}{2} d_{21} \dot{q}_1 \dot{q}_2 + \frac{1}{2} d_{22} \dot{q}_2^2 \tag{3-30}$$

$$\begin{aligned} \frac{\partial L}{\partial \dot{q}_1} &= d_{11} \dot{q}_1 + \frac{1}{2} d_{12} \dot{q}_2 + \frac{1}{2} d_{21} \dot{q}_2 + 0 \\ &= d_{11} \dot{q}_1 + \frac{1}{2} d_{12} \dot{q}_2 + \frac{1}{2} d_{21} \dot{q}_2 \end{aligned} \tag{3-31}$$

应用拉格朗日方程，即

$$\sum_{j=1}^{n} d_{kj}(q) \ddot{q}_j + \sum_{i=1}^{n} \sum_{j=1}^{n} \left[\frac{\partial d_{kj}(q)}{\partial \dot{q}_i} - \frac{1}{2} \frac{\partial d_{ij}(q)}{\partial \dot{q}_k} \right] \dot{q}_i \dot{q}_j + \frac{\partial P(q)}{\partial q_k} = \tau_k, \; k = 1, 2, \cdots, n \tag{3-32}$$

令 $C_{ijk} = \dfrac{\partial d_{kj}}{\partial q_i} - \dfrac{1}{2} \dfrac{\partial d_{ij}}{\partial q_k}$，$g_k = \dfrac{\partial P}{\partial q_k} = \displaystyle\sum_{j=k}^{n} (-m_j g^{\mathrm{T}} u_{jk} \bar{r}_j^j)$，则机器人动力学方程可以写为

$$\sum_{j=1}^{n} d_{kj} \ddot{q}_j + \sum_{i=1}^{n} \sum_{j=1}^{n} C_{ijk} \dot{q}_i \dot{q}_j + g_k = \tau_k \qquad (3\text{-}33)$$

注意，根据

$$\sum_{i=1}^{n} \sum_{j=1}^{n} \frac{\partial d_{kj}}{\partial q_i} \dot{q}_i \dot{q}_j = \frac{1}{2} \left\{ \sum_{i=1}^{n} \sum_{j=1}^{n} \left[\frac{\partial d_{kj}}{\partial q_i} \dot{q}_i \dot{q}_j + \frac{\partial d_{kj}}{\partial q_j} \dot{q}_i \dot{q}_j \right] \right\} \quad （因为 A = (A+A)/2）$$

$$= \frac{1}{2} \sum_{i=1}^{n} \sum_{j=1}^{n} \left[\frac{\partial d_{kj}}{\partial q_i} \dot{q}_i \dot{q}_j + \frac{\partial d_{kj}}{\partial q_j} \dot{q}_i \dot{q}_j \right] \qquad (3\text{-}34)$$

$$= \frac{1}{2} \sum_{i=1}^{n} \sum_{j=1}^{n} \left[\frac{\partial d_{kj}}{\partial q_i} + \frac{\partial d_{ki}}{\partial q_j} \right] \dot{q}_i \dot{q}_j$$

得

$$C_{ijk} \triangleq \frac{1}{2} \left[\frac{\partial d_{kj}}{\partial q_i} + \frac{\partial d_{ki}}{\partial q_j} - \frac{\partial d_{ij}}{\partial q_k} \right] \qquad (3\text{-}35)$$

式（3-35）的表达形式被称为克里斯托弗形式。

将式（3-33）扩展到 n 个自由度后可得

$$D(q)\ddot{q} + C(q, \dot{q})\dot{q} + G(q) = \tau \qquad (3\text{-}36)$$

式中，$C_{kj} = \sum_{i=1}^{n} C_{ijk} \dot{q}_i$；关节位置矢量 $q = \begin{pmatrix} q_1 \\ q_2 \\ \vdots \\ q_n \end{pmatrix}$；关节速度矢量 $\dot{q} = \dfrac{\mathrm{d}}{\mathrm{d}t} q$；科氏力离心力矢量为

$C(q, \dot{q})\dot{q}$；重力矢量为 $G(q) = \begin{pmatrix} g_1 \\ g_2 \\ \vdots \\ g_n \end{pmatrix}$。

式（3-36）也可以写成其他的等价形式，即

$$D(q)\ddot{q} + H(q, \dot{q}) = \tau \qquad (3\text{-}37)$$

$$D(q)\ddot{q} + H(q, \dot{q}) + G(q) = \tau \qquad (3\text{-}38)$$

3.2.6　机器人动力学方程特性

机器人动力学方程特性如下：

1）惯量矩阵 $D(q)$ 具有如下特性：

① 对称性：$D^{\mathrm{T}} = D$。

② 正定性：$Q = x^{\mathrm{T}} D x > 0 \quad \forall x \neq 0$。

证明：动能表达形式 $K = \dfrac{1}{2} \dot{q}^{\mathrm{T}} D(q) \dot{q}$，当速度不为零时，动能总是大于 0。

2）$C(q, \dot{q})\dot{q}$ 是 $\dot{q}$ 的二次形式。

3）$G(q)$ 仅仅是 q 的函数。

4）对于每一个自由度 q_i，都有一个独立的控制输入 τ_i。

5）动力学的参数线性特性（参数线性动力学）。

所有关注的常数参数，如连杆质量、转动惯量等，都以广义坐标系的已知函数系数 $\boldsymbol{P}$ 的形式出现。通过将系数 $\boldsymbol{P}$ 定义为参数向量，可得

$$\boldsymbol{D}(\boldsymbol{q})\ddot{\boldsymbol{q}}+\boldsymbol{C}(\boldsymbol{q},\dot{\boldsymbol{q}})\dot{\boldsymbol{q}}+\boldsymbol{G}(\boldsymbol{q})=\boldsymbol{Y}(\boldsymbol{q},\dot{\boldsymbol{q}},\ddot{\boldsymbol{q}})\boldsymbol{P} \tag{3-39}$$

式中，$\boldsymbol{Y}(\boldsymbol{q},\dot{\boldsymbol{q}},\ddot{\boldsymbol{q}})$ 是与机械臂关节位置、速度、加速度相关的矩阵。

以动力学方程为例来进行说明，假设某一系统的动力学方程表示为

$$(a+b\theta)\ddot{\theta}+c\sin\theta\dot{\theta}+g\cos\theta=f \tag{3-40}$$

则式（3-40）可以改写为

$$\begin{pmatrix}\ddot{\theta} & \theta\ddot{\theta} & \sin\theta\dot{\theta} & \cos\theta\end{pmatrix}\begin{pmatrix}a\\b\\c\\g\end{pmatrix}=f \tag{3-41}$$

6）矩阵 $\boldsymbol{N}\triangleq\dot{\boldsymbol{D}}(\boldsymbol{q})-2\boldsymbol{C}(\boldsymbol{q},\dot{\boldsymbol{q}})$ 是斜对称的，即

$$\boldsymbol{N}^{\mathrm{T}}=-\boldsymbol{N}(n_{jk}=-n_{kj}) \tag{3-42}$$

斜对称矩阵具有的性质：$\forall \boldsymbol{x}\neq 0$，$\boldsymbol{x}^{\mathrm{T}}\boldsymbol{N}\boldsymbol{x}=0$。该性质常用于证明控制系统的稳定性。

证明

$$\dot{d}_{kj}=\sum_{i=1}^{n}\frac{\partial d_{kj}}{\partial q_i}\dot{q}_i \tag{3-43}$$

$\boldsymbol{N}$ 矩阵的第 kj 个元素为

$$\begin{aligned}n_{kj}&=\dot{d}_{kj}-2C_{kj}\\&=\sum_{i=1}^{n}\left[\frac{\partial d_{kj}}{\partial q_i}-\left(\frac{\partial d_{kj}}{\partial q_i}+\frac{\partial d_{ki}}{\partial q_j}-\frac{\partial d_{ij}}{\partial q_k}\right)\right]\dot{q}_i\\&=\sum_{i=1}^{n}\left(\frac{\partial d_{ij}}{\partial q_k}-\frac{\partial d_{ki}}{\partial q_j}\right)\dot{q}_i\end{aligned} \tag{3-44}$$

同样得

$$\begin{aligned}n_{jk}&=\dot{d}_{jk}-2C_{jk}\\&=\sum_{i=1}^{n}\left[\frac{\partial d_{jk}}{\partial q_i}-\left(\frac{\partial d_{jk}}{\partial q_i}+\frac{\partial d_{ji}}{\partial q_k}-\frac{\partial d_{ik}}{\partial q_j}\right)\right]\dot{q}_i\\&=-\sum_{i=1}^{n}\left(\frac{\partial d_{ji}}{\partial q_k}-\frac{\partial d_{ik}}{\partial q_j}\right)\dot{q}_i\quad（因为 d_{ij}=d_{ji}）\\&=-n_{kj}\end{aligned} \tag{3-45}$$

[例 3-1]　以典型 2 自由度机械臂（见图 3-4）为例，计算机器人动力学方程。

设定关节变量为 θ_1、θ_2，连杆质量为 m_1、m_2，连杆参数 $\alpha_1=\alpha_2=0$，$d_1=d_2=0$，$a_1=a_2=l$。

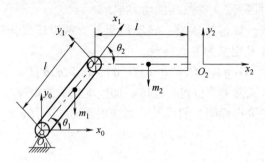

图 3-4 典型 2 自由度机械臂

由以上参数可以得到 $\boldsymbol{T}_1^0$, $\boldsymbol{T}_2^1$, $\boldsymbol{T}_2^0 = \boldsymbol{T}_1^0 \boldsymbol{T}_2^1$。同时，对于旋转关节有 $\boldsymbol{Q}_i = \begin{pmatrix} 0 & -1 & 0 & 0 \\ 1 & 0 & 0 & 0 \\ 0 & 0 & 0 & 0 \\ 0 & 0 & 0 & 0 \end{pmatrix}$。

因此，可以计算出如下变量：

$$\boldsymbol{u}_{11} = \boldsymbol{Q}_1 \boldsymbol{T}_1^0$$

$$\boldsymbol{u}_{21} = \boldsymbol{Q}_1 \boldsymbol{T}_2^0$$

$$\boldsymbol{u}_{22} = \boldsymbol{T}_1^0 \boldsymbol{Q}_2 \boldsymbol{T}_2^1$$

已知各个连杆的惯性矩阵 $\boldsymbol{J}_i$，可得机器人惯量矩阵 $\boldsymbol{D}(\boldsymbol{\theta})$。假设

$$\boldsymbol{J}_1 = \begin{pmatrix} \dfrac{1}{3} m_1 l^2 & 0 & 0 & -\dfrac{1}{2} m_1 l \\ 0 & 0 & 0 & 0 \\ 0 & 0 & 0 & 0 \\ -\dfrac{1}{2} m_1 l & 0 & 0 & m_1 \end{pmatrix}, \quad \boldsymbol{J}_2 = \begin{pmatrix} \dfrac{1}{3} m_2 l^2 & 0 & 0 & -\dfrac{1}{2} m_2 l \\ 0 & 0 & 0 & 0 \\ 0 & 0 & 0 & 0 \\ -\dfrac{1}{2} m_2 l & 0 & 0 & m_2 \end{pmatrix}$$

则

$$d_{11} = \frac{1}{3} m_1 l^2 + \frac{4}{3} m_2 l^2 + m_2 l^2 c_2$$

$$d_{12} = d_{21} = \frac{1}{3} m_2 l^2 + \frac{1}{2} m_2 l^2 c_2$$

$$d_{22} = \frac{1}{3} m_2 l^2$$

因为

$$C_{ijk} = \frac{1}{2} \left[\frac{\partial d_{kj}}{\partial q_i} + \frac{\partial d_{ki}}{\partial q_j} - \frac{\partial d_{ij}}{\partial q_k} \right], \quad C_{kj} = \sum_{i=1}^{n} C_{ijk} \dot{q}_i$$

所以可得 $\boldsymbol{C}(\boldsymbol{q}, \dot{\boldsymbol{q}})$ 为

$$C_{111} = \frac{1}{2} \frac{\partial d_{11}}{\partial q_1} = 0$$

$$C_{121} = C_{211} = \frac{1}{2} \frac{\partial d_{11}}{\partial q_2} = -\frac{1}{2} m_2 l^2 s_2$$

$$C_{221} = \frac{\partial d_{12}}{\partial q_2} - \frac{1}{2}\frac{\partial d_{22}}{\partial q_1} = -\frac{1}{2}m_2 l^2 s_2$$

$$C_{112} = \frac{\partial d_{21}}{\partial q_1} - \frac{1}{2}\frac{\partial d_{11}}{\partial q_2} = \frac{1}{2}m_2 l^2 s_2$$

$$C_{122} = C_{212} = \frac{1}{2}\frac{\partial d_{22}}{\partial q_1} = 0$$

$$C_{222} = \frac{1}{2}\frac{\partial d_{22}}{\partial q_2} = 0$$

$$C_{11} = \sum_{i=1}^{n} C_{i11}\dot{q}_i = C_{111}\dot{q}_1 + C_{211}\dot{q}_2 = -\frac{1}{2}m_2 l^2 s_2 \dot{q}_2$$

$$C_{21} = \sum_{i=1}^{n} C_{i12}\dot{q}_i = C_{112}\dot{q}_1 + C_{212}\dot{q}_2 = \frac{1}{2}m_2 l^2 s_2 \dot{q}_1$$

$$C_{12} = C_{121}\dot{q}_1 + C_{221}\dot{q}_2 = -\frac{1}{2}m_2 l^2 s_2 \dot{q}_1 - \frac{1}{2}m_2 l^2 s_2 \dot{q}_2 = -\frac{1}{2}m_2 l^2 s_2 (\dot{q}_1 + \dot{q}_2)$$

$$C_{22} = C_{122}\dot{q}_1 + C_{222}\dot{q}_2 = 0$$

表达成矩阵形式为

$$\boldsymbol{C}(\boldsymbol{q},\dot{\boldsymbol{q}}) = \begin{pmatrix} -\dfrac{1}{2}m_2 l^2 s_2 \dot{q}_2 & -\dfrac{1}{2}m_2 l^2 s_2 (\dot{q}_1 + \dot{q}_2) \\ \dfrac{1}{2}m_2 l^2 s_2 \dot{q}_1 & 0 \end{pmatrix} \tag{3-46}$$

同时，重力势能表示为

$$P = m_1 g \frac{l}{2}\sin\theta_1 - m_2 g\left[l\sin\theta_1 + \frac{l}{2}\sin(\theta_1 + \theta_2) \right] \tag{3-47}$$

$$\boldsymbol{G} = -\frac{\partial P}{\partial \boldsymbol{q}} = \begin{pmatrix} -\dfrac{\partial P}{\partial q_1} \\ -\dfrac{\partial P}{\partial q_2} \end{pmatrix} \tag{3-48}$$

$$\boldsymbol{G}(\boldsymbol{q}) = \begin{pmatrix} \dfrac{1}{2}m_1 glc_1 + \dfrac{1}{2}m_2 glc_{12} + m_2 glc_1 \\ \dfrac{1}{2}m_2 glc_{12} \end{pmatrix} \tag{3-49}$$

即得到了完整的机器人动力学方程。

3.2.7　笛卡儿空间动力学方程

机器人关节空间动力学方程可以表示为

$$\boldsymbol{D}(\boldsymbol{q})\ddot{\boldsymbol{q}} + \boldsymbol{C}(\boldsymbol{q},\dot{\boldsymbol{q}})\dot{\boldsymbol{q}} + \boldsymbol{G}(\boldsymbol{q}) = \boldsymbol{\tau} \tag{3-50}$$

令 $y = h(\boldsymbol{q})$，其中 $h(\boldsymbol{q})$ 表示一般非线性变换。尽管 y 可以是任意感兴趣的点的笛卡儿位置，但这里将其视为末端执行器的笛卡儿位置或任务空间位置（即末端执行器在基坐标系中的位置和姿态）。

同时，$\dot{y}=J\dot{q}$建立了笛卡儿空间速度和关节空间速度之间的关系。假定在感兴趣的区域中雅可比矩阵满足条件$|J(q)|\neq0$，则逆加速度变换为

$$\ddot{y}=J\ddot{q}+\dot{J}\dot{q} \tag{3-51}$$

$$\ddot{q}=J^{-1}(q)\left[\ddot{y}-\dot{J}(q)\dot{q}\right] \tag{3-52}$$

可得

$$\begin{aligned}\ddot{q}&=J^{-1}(q)\ddot{y}-J^{-1}(q)\dot{J}(q)\dot{q}\\&=J^{-1}(q)\ddot{y}-J^{-1}(q)\dot{J}(q)J^{-1}\dot{y}\end{aligned} \tag{3-53}$$

因此有

$$D(q)J^{-1}\ddot{y}+(C-DJ^{-1}\dot{J})J^{-1}\dot{y}+G(q)=\tau \tag{3-54}$$

根据$\tau=J^{\mathrm{T}}F$，其中F是笛卡儿空间力矢量（cartesian force vector），可得

$$(J^{-1})^{\mathrm{T}}DJ^{-1}\ddot{y}+(J^{-1})^{\mathrm{T}}(C-DJ^{-1}\dot{J})J^{-1}\dot{y}+(J^{-1})^{\mathrm{T}}G=F \tag{3-55}$$

或者

$$D_x\ddot{y}+C_x\dot{y}+G_x=F \tag{3-56}$$

式中，$D_x=(J^{-1})^{\mathrm{T}}DJ^{-1}$；$C_x=(J^{-1})^{\mathrm{T}}(C-DJ^{-1}\dot{J})J^{-1}$；$G_x=(J^{-1})^{\mathrm{T}}G$。

注意：只要$J(q)$为非奇异矩阵，关节空间动力学方程所具有的所有性质都可以移植到笛卡儿空间动力学方程，具体如下：

1）D_x对称正定。

2）$\dot{D}_x-2C_x$是斜对称的。

3）参数线性性质在笛卡儿空间同样满足，即$D_x\ddot{y}+C_x\dot{y}+G_x=W_x(y,\dot{y},\ddot{y})\theta$，$\theta$是机械臂参数矢量，其中笛卡儿空间方程表示为

$$W_x(y,\dot{y},\ddot{y})=J^{-\mathrm{T}}W(q,\dot{q},\ddot{q}) \tag{3-57}$$

4）$\alpha_{x1}I\leqslant D_x\leqslant\alpha_{x2}I$，其中$\alpha_{x1}$、$\alpha_{x2}$是已知常数。

5）$\|G_x\|\leqslant\bar{G}_x$，表示重力参数有界。

3.2.8 考虑摩擦力和外力的动力学方程

上述求解过程只考虑了刚体力学中的惯性力、科氏力、离心力，而没有考虑摩擦力和接触外力等情况。当考虑摩擦力和外力计算机器人动力学方程时，黏性摩擦可表达为

$$\tau_{\mathrm{friction}}=v\dot{q} \tag{3-58}$$

式中，v表示粘性摩擦系数。

库仑摩擦可表示为

$$\tau_{\mathrm{friction}}=c\mathrm{sgn}(\dot{q}) \tag{3-59}$$

式中，c表示库仑摩擦系数。

同时考虑两者可得

$$\tau_{\mathrm{friction}}=c\mathrm{sgn}(\dot{q})+v\dot{q} \tag{3-60}$$

最后考虑接触外力$\tau_{\mathrm{ext}}=J^{\mathrm{T}}F_{\mathrm{ext}}$，可得到更加完整的机器人动力学方程为

$$D(q)\ddot{q}+C(q,\dot{q})\dot{q}+G(q)+\tau_{\mathrm{friction}}=\tau+\tau_{\mathrm{ext}} \tag{3-61}$$

3.2.9 机器人动力学仿真

求解出机器人动力学方程后，可利用该动力学方程对机器人运动进行仿真，为了对机械

臂的运动进行仿真，则必须应用上面建立的动力学模型。根据动力学方程式，通过仿真可求出动力学方程中的加速度为

$$\ddot{\boldsymbol{q}} = \boldsymbol{D}^{-1}(\boldsymbol{q})(\boldsymbol{\tau} + \boldsymbol{\tau}_{\text{ext}} - \boldsymbol{C}(\boldsymbol{q}, \dot{\boldsymbol{q}})\dot{\boldsymbol{q}} - \boldsymbol{G}(\boldsymbol{q}) - \boldsymbol{\tau}_{\text{friction}}) \tag{3-62}$$

应用数值积分方法，以步长 Δt 对加速度积分，可以计算出位置和速度。假定机械臂的运动初始条件为

$$\boldsymbol{q}(0) = \boldsymbol{q}_0$$
$$\dot{\boldsymbol{q}}(0) = 0$$

应用欧拉积分方法，从 $t = 0$ 开始进行迭代计算，即可得到机器人的运动轨迹为

$$\dot{\boldsymbol{q}}(t + \Delta t) = \dot{\boldsymbol{q}}(t) + \ddot{\boldsymbol{q}}(t)\Delta t \tag{3-63}$$

$$\boldsymbol{q}(t + \Delta t) = \boldsymbol{q}(t) + \dot{\boldsymbol{q}}(t)\Delta t + \frac{1}{2}\ddot{\boldsymbol{q}}(t)\Delta t^2 \tag{3-64}$$

3.3　基于柔性动力学的机械臂建模

协作机器人的特点是重量较轻，由此产生的问题是关节、连杆柔性通常较大。因此，为了更精确地建立协作机器人动力学模型，需要考虑机器人关节、连杆的柔性特征。常见的机械臂结构可分为关节和连杆，并由二者链式组合而成。本节将基于柔性动力学，分别分析关节、连杆及最终的机械臂系统模型。

3.3.1　机械臂柔性关节建模

对于刚性较大、变形较小的机械臂关节，常用的简化关节模型包括铰链模型、线性弹簧模型、弹簧阻尼器模型等。

Murotsud 等忽略关节的动力学特性，将关节假设为理想铰链，进而研究柔性机械臂的动力学与控制问题。何柏岩等在理想铰链的关节假设上，引入了铰链间隙，研究铰链间隙对动力学特性的影响。若铰链模型过于简单，则难以精确描述关节的动力学特性，而关节的影响又无法忽略。

Korayem 等将关节理想地简化为线性弹簧模型，并在此基础上研究柔性机械臂的控制和承载问题。线性弹簧模型将关节假设为线性扭转弹簧，研究了关节柔性对于机械臂性能和精度的影响，没有考虑关节的阻尼及能量耗散。

Bahrami 等在线性弹簧模型的基础上引入了线性扭转阻尼器模型，考虑了关节的能量耗散，从而建立了考虑关节柔性和阻尼的机械臂动力学方程。弹簧阻尼器模型较好地考虑了关节的弹性和阻尼，因此具有较好的应用价值。

对于具有较大关节、传动弹性的多自由度串联机械臂，当考虑电动机和连杆侧的黏性摩擦项以及关节的弹簧阻尼时，机器人关节空间的动力学模型可以改写为

$$\boldsymbol{M}(\boldsymbol{q})\ddot{\boldsymbol{q}} + \boldsymbol{C}(\boldsymbol{q}, \dot{\boldsymbol{q}})\dot{\boldsymbol{q}} + \boldsymbol{G}(\boldsymbol{q}) + \boldsymbol{F}_q(\dot{\boldsymbol{q}}) = \boldsymbol{\tau}_J + \boldsymbol{D}\boldsymbol{K}^{-1}\dot{\boldsymbol{\tau}}_J + \boldsymbol{\tau}_{\text{ext}} \tag{3-65}$$

$$\boldsymbol{B}(\boldsymbol{\theta})\ddot{\boldsymbol{\theta}} + \boldsymbol{F}_\theta(\dot{\boldsymbol{\theta}}) + \boldsymbol{\tau}_J + \boldsymbol{D}\boldsymbol{K}^{-1}\dot{\boldsymbol{\tau}}_J = \boldsymbol{\tau} \tag{3-66}$$

式中，$\boldsymbol{q}$ 和 $\boldsymbol{\theta}$ 分别表示连杆侧和电机侧的关节位置；$\boldsymbol{F}_q$ 和 $\boldsymbol{F}_\theta$ 分别表示在连杆侧和电机侧的摩擦项；$\boldsymbol{\tau}_J$ 表示关节扭矩信号；$\boldsymbol{D}$ 和 $\boldsymbol{K}$ 分别表示关节的阻尼和刚度系数；$\boldsymbol{\tau}_{\text{ext}}$ 等于 $\boldsymbol{J}^{\text{T}}\boldsymbol{F}_{\text{ext}}$；$\boldsymbol{B}(\boldsymbol{\theta})$ 是机器人关节的惯性矩阵。

3.3.2 机械臂柔性连杆建模

针对柔性连杆变形的问题，首先需要对柔性连杆进行空间离散化。常见的针对连杆的离散化方案有集中质量法、有限段法、有限元法和假设模态法等。

集中质量法是将柔性连杆总质量按设定的规则集中于一定数量的离散节点上，每个节点使用不计质量的弹性单元连接，并且将整个柔性连杆所受外力载荷等效分布在各个节点上。该方法较为简单，建模精度与设定的离散节点数目有关，但所建立的模型精度较低。

有限段法将柔性连杆离散为一定数量的刚性梁段，相邻刚性梁段之间以具有弹簧阻尼器功能的柔性节点相连，连杆的柔性仅体现在柔性节点处。该方法比较适合细长杆件的柔性机械臂系统。

有限元法将柔性连杆离散为一定数量的有限自由度的柔性单位体，获得各单位体的动力学方程后，即可整合出整个连杆的动力学方程，并使用有限元分析软件（如 ADAMS、ANSYS 等）进行分析处理。该方法适用于形状较为复杂的柔性机械臂系统，但不适用于理论建模。

假设模态法将柔性连杆等效为欧拉-伯努利梁，通过机械振动分析法获得梁弯曲振动的微分方程，并结合边界条件获得连杆的振动函数，截取其中的低阶模态，即可获得柔性连杆的变形振动方程。该方法求解思路简单、计算效率高，但不适用于形状较为复杂的连杆。

第 4 章

协作机器人感知

　　协作机器人如何高效感知外界信息是实现协作机器人柔顺交互和高效作业需要解决的重要难题。

　　协作机器人正逐步进入人类生活当中，为了有效地帮助人类，机器人必须尽可能地学习人类的各项能力，包括用视觉去观察世界、理解人类的自然语言指令，甚至借助听觉、触觉等获取多模态的信息、感受物理世界，以执行更多的复杂任务。随着人工智能技术的不断发展，在视觉识别、自然语言系统、三维场景建模、操作抓取以及运动规划等方面都取得了极大的进展，使得各种先进算法能够部署在机器人上，以帮助它更加智能化，从而高效稳定地协助人类完成更加复杂困难的任务。如具身指示表达的机器人导航任务，通过学习视觉、语言和机器人的行为来帮助机器人探索环境、找到目标对象。这种任务十分具有挑战性，因为它不仅需要对具体目标进行定位，还需要对目标和其位置关系进行高层次的语义理解，用以帮助区分相关的物体和不相关的物体。以此为基础开发的一种智能机器人系统，赋予了机器人更加复杂的操作能力，该系统能够根据自然语言的操作指令对目标物体进行拾取和放置。

　　显而易见，单纯依靠某一模态并不足以支持机器人完成所有类型的任务。对于现实的物理世界，机器人需要配备不同类型的传感器以获取更多的模态信息，如力觉感知信息、触觉感知信息、视觉感知信息、听觉感知信息、人类肢体动作感知信息及多模态融合感知信息等。例如，为了提升机器人的自主导航探索能力，在捕获视觉感知信息的基础上，可以将听觉感知信息嵌入到机器人的路径规划器当中，以提高机器人的导航精度。又如，有的研究通过给实际机器人配备听觉传感器，操作目标物体收集听觉信息，实现了对视觉上难以区分的目标的判别。在此基础上，还可以增加触觉传感器，采集不同材质的电压值信息作为触觉感知，构建一个融合触觉和听觉的机器人分类抓取系统，可大大提高机器人的工作能力。

4.1　协作机器人力觉感知

　　机器人-环境物理交互控制要求机器人具有力觉感知能力。在传统的操作任务中，机械臂末端的静态接触力可以通过多维力传感器来测量。但对于动态操作任务，末端执行器的惯性力/力矩对末端力传感器的测量精度有着不可忽视的影响。机器人的外力感知通常需要融合多传感器信息，如通过腕力传感器、惯性传感器和关节角度传感器来估计机器人与环境的接触力。这些外力感知方案可以在很多应用场景中很好地执行，然而它们大多是基于安装在机器人末端的多维力传感器，只能感知机器人末端执行器上的接触力，而无法实现全机身外力感知。在机器人-环境交互问题中，机器人与环境之间的接触区域并不仅仅局限于末端执行器，机器人的任何部位都有可能与人类或环境接触，这使得上述方案有很大的安全风险。因此，研究具有全机身外力感知能力的机器人系统，对协作机器人的发展具有重要的理论意义和应用价值。

作为协作机器人的关键技术，机器人外力感知的主要目的是测量或估计机器人与环境之间的接触力。为了避免与人类或环境的错误接触，可以使用非接触式传感器，如视觉传感器，在碰撞发生前进行预测，从而避免机器人与环境之间的碰撞。该方法需要附加视觉传感器和图像识别技术的支持，计算量大、反应较慢，且无法从根本上避免碰撞，因此应用场景相对有限。从本质上讲，为了提高协作机器人的安全性，机器人应该具有力觉感知能力。

为了使机器人具有全机身力觉感知能力，Lumelsky 等使用电子皮肤传感器。然而，电子皮肤传感器价格昂贵，因此应用场景有限。Aksman 等研究了具有谐波减速器的机器人力觉感知方法，利用机器人动力学特性和电动机反馈信息来估计外力。近年来，基于关节力矩传感器的力觉感知技术受到越来越多的关注。Takakura 等提出了一种利用扰动观测器观测关节扭矩和检测碰撞的方法。然而，这种方法需要机器人的加速度信号，而该信号非常嘈杂。De Luca 等提出了一种基于广义动量观测器的外力估计方法，避免了加速度信号的使用，同时提高了外力估计精度。Cho 等将基于广义动量的扰动观测器算法应用于7 自由度机器人，以检测机器人与环境之间的接触力，同时在力觉感知的基础上，对同一机器人进行了碰撞响应试验，验证了算法的有效性。Briot 等在机器人末端添加具有精确质量的负载，使机器人沿着标准轨迹运行，从而实现对机器人关节扭矩传感器信号的精确补偿。

常用的机器人力觉感知方案有各自的不足之处：腕部力传感器方案仅能感知末端外力；电子皮肤方案成本过高；电动机电流信号+双编码器方案需输出端编码器，误差影响因素多；关节扭矩传感器方案精度有待提高。总的来说，仅靠末端多维力传感器不能满足人机协作中的安全性需求，在机器人关节中附加扭矩传感器是协作机器人的一个发展趋势，基于关节扭矩传感器的机器人力觉感知精度还有待提升。

综上，现有的基于腕力传感器的力觉感知技术已经不能满足新一代协作机器人的安全和柔顺操作要求。利用关节扭矩传感器实现机器人全机身力觉感知是当今的主流趋势，但基于关节扭矩传感器的力觉感知技术在感知精度方面还有待提升。针对这些问题，西安交通大学刘星等提出了将广义动量观测器和神经网络全局摩擦拟合相结合的外力观测方法，利用关节扭矩传感器实现准确的单点和多点接触外力估计。关节扭矩传感器的使用能够显著减少建模的工作量以及影响估计结果精度的误差项；对于神经网络摩擦拟合，提出了合适的激励轨迹和全局基函数是全局摩擦拟合的充分条件，并从理论上对该定理予以证明；结合反向法实现了对多点接触力的估计。试验结果表明，该方法能够准确地估计柔性关节机械臂的接触外力。

4.1.1　基于关节扭矩传感器的机器人外力计算方法

使用关节扭矩传感器的外力计算方法的优势如下：

1）能够测量机械臂任意位置上的接触力。

2）能够将电动机侧与连杆侧的动力学方程分离，从而大大减少误差因素数量。

3）更加适用于柔性关节机械臂。

使用关节扭矩传感器的外力计算方法的难点和挑战如下：

1）仍然需要关节角加速度信号。

2）连杆侧的摩擦仍然会对测量精度造成影响。

基于关节扭矩传感器的广义动量观测器方程为

$$r=K_l(p-\hat{p})=K_l\left\{p-\int_0^t\left[\tau+C^{\mathrm{T}}(q,\dot{q})\dot{q}-G(q)-F(\dot{q})+r\right]\mathrm{d}t\right\} \tag{4-1}$$

由式（4-1）可知，广义动量观测器的使用消除了对加速度信号的依赖。同时，关节扭矩传感器的使用使得连杆侧与电动机侧动力学方程相分离。因此，仅使用连杆侧动力学参数即可实现外力估计，减少了影响力估计精度的因素数量。

对于柔性关节，电动机位置与连杆位置之间存在相位差，使用关节扭矩传感器时仅需知道连杆位置，避免了相位差对估计精度的影响。

使用关节扭矩传感器时的观测器方程为

$$r_{EJ}=K_l\left\{p-\int_0^t\left[\tau_J+DK^{-1}\dot{\tau}_J-F_q(\dot{q})+C^{\mathrm{T}}(q,\dot{q})\dot{q}-G(q)+r_{EJ}\right]\mathrm{d}t-p(0)\right\} \tag{4-2}$$

对摩擦项进行建模补偿后的观测器方程为

$$r_{EJ}=K_l\left\{p-\int_0^t\left[\tau_J+DK^{-1}\dot{\tau}_J-\hat{F}_q(\dot{q})+C^{\mathrm{T}}(q,\dot{q})\dot{q}-G(q)+r_{EJ}\right]\mathrm{d}t-p(0)\right\} \tag{4-3}$$

使用关节扭矩传感器的外力观测器工作流程如图 4-1 所示，神经网络摩擦项拟合消除了对摩擦模型参数的需要，能够提升机械臂外力感知的精度。

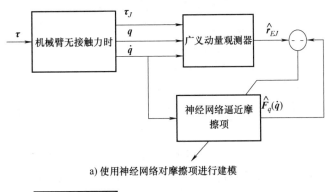

a) 使用神经网络对摩擦项进行建模

b) 将建模结果代入到广义动量观测器中以提高观测精度

图 4-1　使用关节扭矩传感器的外力观测器工作流程

4.1.2 基于关节扭矩传感器的机器人多点外力感知

类似于牛顿-欧拉法，反向法（backward method）可逐步求解每个连杆上作用的接触力。以 2 自由度机械臂为例，在两个连杆上均作用有接触力。此时，机械臂动力学方程为

$$\begin{pmatrix} M_{11} & M_{12} \\ M_{21} & M_{22} \end{pmatrix}\begin{pmatrix} \ddot{q}_1 \\ \ddot{q}_2 \end{pmatrix} + \begin{pmatrix} C_{11} & C_{12} \\ C_{21} & C_{22} \end{pmatrix}\begin{pmatrix} \dot{q}_1 \\ \dot{q}_2 \end{pmatrix} + \begin{pmatrix} G_1 \\ G_2 \end{pmatrix} + \begin{pmatrix} F_{q1} \\ F_{q2} \end{pmatrix} = \begin{pmatrix} \tau_{J1} \\ \tau_{J2} \end{pmatrix} + \begin{pmatrix} \boldsymbol{J}_1^{\mathrm{T}}\boldsymbol{F}_1 + \boldsymbol{J}_2^{\mathrm{T}}\boldsymbol{F}_2 \\ \boldsymbol{J}_2^{\mathrm{T}}\boldsymbol{F}_2 \end{pmatrix} \tag{4-4}$$

机器人-环境多点交互如图 4-2 所示。

式（4-4）可以拆分成两个方程，然后，使用反向法和连杆侧广义动量观测法进行机械臂多点接触力估计，具体过程如下：

1）将关节 2 扭矩传感器信号 τ_{J2} 代入到连杆侧广义动量观测器中，求得接触点 2 处的接触力 F_2。

2）将关节 1 扭矩传感器信号减去由接触力 F_2 引起的关节扭矩信号，得到关节 1 残余扭矩传感器信号 $\tau_{J1,\mathrm{res}}$。

3）将关节 1 残余扭矩传感器信号 $\tau_{J1,\mathrm{res}}$ 代入到连杆侧广义动量观测器中，得到接触点 1 处的接触力 F_1。

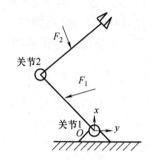

图 4-2　机器人-环境多点交互简图

4.2　协作机器人触觉感知

在人机协作过程中，特别是接触式人机协作过程中，机器人对非语言交流的有效使用至关重要，因为它允许人类和机器人之间进行直观互动。据估计非语言交流包含了人类所有交流信息的 60% 以上，包括身势语、触觉、声音等。相比之下，触觉作为人类最早、最基本、最亲密的交流方式，其感知技术近些年来得到了迅速的发展。

触觉拥有着其他交流方式所不具备的优势。在人机协作过程中，机器人可以通过不同传感技术中的语音、视觉等感官方式理解操作者的意图。但是由于实际作业场景中的噪声影响以及视觉遮挡问题，这些交流的信息通道时常被堵塞。若机器人能够根据人类的期望"感觉""理解"和响应触觉信息，则人类和机器人之间的互动将更加直观。

目前有许多获取触觉信息的方式。在接触式人机协作的过程中，人们发现触觉和力觉的结合具有巨大的优势。触力觉感知不仅借助皮肤感官实现了人-机器人之间的信号传递，而且结合压力分布将操作者的意图更加全面地表现出来，在相同的场景下丰富了意图的种类，具有较高的实用性。

触觉传感需要一个复杂的感测系统，它能够区分多种环境刺激，如压力、横向应变、剪切力、弹性、扭转和振动以及各种机械应激等，其中压阻式、电容式和压电式工作原理的传感器在机器人中广泛应用。近几年，基于视觉原理的触觉传感器也得到了广泛的应用。Gelsight mini 视触觉传感器如图 4-3 所示。

触觉感知不仅局限于力信息的感知，还包括压觉与滑觉等机械刺激，从而使人类能更精细地感知温度、湿度甚至生物化学变化的感觉等多种信息。在机器人的智能化进程中，触觉感知能力是拓展其实际应用领域的必然趋势。

在接触式人机协作中，操作者与机器人通过接触的方式即触力觉感知进行信息交流。机器人感知操作者意图和外界环境的变化信息是制定机器人控制策略、实现机器人柔顺运动的重要前提，而机器人向人类提供关于任务和环境信息的反馈也是必要的，在反馈通道中，触力觉起着重要的作用。

图 4-3　Gelsight mini 视触觉传感器

随着协作型机器人的广泛应用，以触觉作为信息传递介质的研究也得到了快速发展。Alessandro Albini 将柔性皮肤触觉传感器阵列分布在 Baxter 机器人前臂上，使它可以准确识别人手触碰机器人前臂，识别准确率高于 96%。Dana Hughes 提出了一种具有识别、定位功能的机器人皮肤，对触觉感知与纹理识别具有很高的识别率，且操作者可以快速适应。Alin Drimus 提出了一种基于柔性压阻橡胶的触觉阵列传感器，它具有灵活性强、分辨力高、安装方便、制造简单等优点，将此传感器应用到夹爪上，夹爪可抓取柔软物体。机器人皮肤触觉传感器在工业生产中具有较高的应用价值，在机械臂上包覆皮肤触觉传感器，可以使机器人实时感知操作者或者外界环境的变化。倘若发生意外事故，包裹皮肤触觉传感器的机械臂可紧急制动以保护合作者安全，而且采用触觉传感器也是接触式人机协作中比较直观方便的交互方式。

4.3　协作机器人视觉感知

机器人的视觉感知系统是最常见的机器人感官系统之一。视觉感知系统不需要跟物体产生接触就能获取足够多的信息，常常以图片、点云、深度图等的形式出现，信息直观、易分析。在机器人领域，视觉感知系统是成果最多、应用最广的系统。国内外众多学者对机器人视觉感知系统展开了丰富的研究。

在非结构化环境中，基于视觉的物体识别与位姿估计系统研究已经初具规模，能为机器人的特定操作任务提供目标物体的有效信息。如目标 6 自由度位姿估计任务就是从一个图像上得到拍摄这个图像时相机坐标系相对于目标坐标系的平移矢量和旋转矩阵。传统的目标位姿估计方法包括基于特征点的方法、基于点对特征的方法，以及基于模板的方法。

基于特征点的方法流行了很长一段时间，并且表现良好，该方法首先使用、SURF、ORB 等方法检测和提取出 RGB 图像中目标的关键点，然后与已知的三维模型上的关键点进行匹配，以建立 2D-3D 点对应，最后通过透视 n 点变换（Perspective-nPoint，PnP）算法恢复目标的 6 自由度位姿，但该方法只适用于纹理非常丰富的对象。

Dirkbuchholz 使用 Kinect3D 视觉传感器设计了一套机器人三维视觉定位抓取系统，可以用于估计目标工件相对于夹具的位姿信息；瑞士 ABB 公司研制出的 True View 机器人能够识别出不同的工件，并通过视觉系统获取工件在三维空间中的位置，完成工件配合操作；Lars Lindner 等研制了一款使用激光雷达动态测量物体的三维坐标的机器人视觉系统，采用伺服电动机代替步进电动机，消除了激光扫描领域的死区、降低了激光点位的误差、提高了系统的可靠性。

2010 年，Drost 等提出了一种基于点对特征（Point Pair Feature，PPF）从深度图像中恢复目标的 6 自由度位姿的方法，还提出了一种基于方向点对特征创建全局模型描述的方法，以及用于模型局部匹配的快速投票方案。他们的四维特性结构是通过两个点的几何关系以及其法向向量构成的，这些特征被用做点对特性。这种方法在有噪声、杂波和局部遮挡的情境下仍然具有很精确的检测效果。然而，该方法不能很好地处理背景相近情况下的目标识别问题，无法有效地利用目标的边界信息。

基于模板的方法首先给每个物体分配一个模板，然后通过扫描该模板并在适当的测试之后确定图像中目标的位姿，从而解决无纹理物体的位姿估计问题。其中，Hinterstoesser 在 2011 年提出的 LineMod 方法使用了 RGBD 信息。LineMod 方法使用彩色图像梯度信息结合物体表面法线特征作为模板匹配的基础，可以在有成千上万个模板的滚动图像窗口中进行实时搜索。然而，这种方法的缺点是对部分遮挡敏感，如果目标物体被遮挡，则姿势估计就会因为匹配不足而失败。

在此之后，随着深度学习技术的不断发展，机器视觉从传统的特征处理算法向深度学习方式迈进，视觉感知系统的物体识别和位姿估计能力也借助深度学习理论的发展而获得增强，对复杂场景、复杂对象的适应能力也有所提升。因此，人们逐渐将目光投向了基于深度学习的目标位姿估计。当前，基于深度学习的目标位姿估计方法主要有两种：一种是将目标的 6 自由度位姿直接还原；另一种是对 2D 关键点进行预测，再利用 PnP 算法进行间接求解。

4.3.1　直接方法

2017 年，Antoni 等针对 ImagNet 数据集的图像与实际部署在无约束环境中的机器人的视觉体验不同的差距问题，设计了一种简单有效的数据增强层，可以对感兴趣区域的对象进行放大，并模拟现实机器人视觉系统的目标、检测结果，在三个不同的基准数据库实验中，能够将对象识别性能提高 7%。且该数据增强层可以应用于任何卷积神经网络深度结构，具有很好的可移植性。

2017 年，Kehl 等提出了 SSD6D 网络，可使用与 SSD 网络类似的结构来预测 RGB 图像中物体的 6 自由度位姿。该网络在一个合成数据集上进行训练，对一幅图像进行识别，并产生一个二维的检测框，从而实现对目标的 6D 位姿估算。但是，该算法仅能提供一个大致的姿态估算，其精度不高，所以必须对它进行二次精化。

PoseCNN 网络是 Xiang 等在 2017 年提出的一种基于回归的系统，可通过对三维物体的中心位置和与相机的距离进行预测，并且通过回归四元数表示来估算目标的三维旋转。另外，该系统还给出了一个用于估算目标 6D 位姿的大型 YCB-Video 数据集。PoseCNN 网络具有较好的对被遮挡物体姿态估计的鲁棒性，也可以处理对称的目标。

2018 年，Do 等提出了一种新的 Deep-6DPose 深度学习网络模型，可以在不经过后期处理的情况下，从单个 RGB 图像中检测、分割和检索目标的 6D 位姿。该网络通过将位姿参数解耦为平移和旋转两个参数，从而允许利用李代数来表示回归旋转。由于产生的位姿回归损失是具有微分性的和无约束性的，因此很容易进行训练。

2018 年，清华大学 Li 等提出了一个新的 6D 位姿匹配深度神经网络 DeepIM。当给定一个初始位姿时，网络能将观测图像和渲染得到的图像匹配，迭代地优化位姿，使匹配结果越来越相似，从而得到精确的位姿。

2019 年，Wang 等提出一种用于估算 RGB-D 影像中未知对象的 6D 位姿的标准化对象坐标空间（NOCS），以便在具体分类中对不同对象和未知对象进行处理。然后，利用区域神经网络，对观测像素与该公共对象表示（NOCS）的对应关系进行直接评估，并结合其他对象信息（如类别标记和示例掩码）。该预测与深度图联合起来，对复杂场景中多个目标的位姿和六维空间进行了评估。

为了改进模型的性能和提高实时处理的速度，Wang 等于 2019 年推出了一种包含投票机制的通用 DenseFusion 框架，它利用 DenseNet 从像素级别中抽取密集的特征，并对位姿进行评估。一般的 DenseFusion 框架能够分别处理色彩与深度资料来源，并能将色彩与几何特性结合在一起。这种直接预测目标姿态的方法一般都需要进一步利用深度信息和迭代最近点（Iterative Closest Point，ICP）算法进行位姿优化，因此比较耗时。

2021 年，日本东北大学的 Fuyuki Tokuda 等基于 CNN 架构提出了一种用于眼-手视觉伺服的差分编码特征驱动交互矩阵网络（DEFINet），根据手眼相机捕获的当前图像和期望图像的差异对相对姿态进行回归，估计目标物体和当前末端效应器之间的相对姿态，经验证可以实现高定位精度的视觉伺服。

4.3.2　基于关键点的位姿求解方法

基于关键点的位姿求解方法采用中间表示来间接解决物体的 6 自由度位姿估计。该方法不需要从图像中直接提取位姿，而是采用了两个阶段的流水线，先对物体的 2D 关键点进行预测，再利用 PnP 算法进行相应的位姿计算。

Rad 和 Lepetit 在 2017 年提出了一种三阶段的方法。首先在前两个阶段进行从粗到细的分割，并将结果反馈给第三个训练好的网络，以生成目标周围 8 个帧点的投影；然后使用 PnP 算法从物体包络点的 2D-3D 对应关系中估计出目标的 6 自由度位姿。这种管道的主要缺点是它的多阶段性，使其执行时间非常长。

YOLO6D 是 2017 年由 Tekin 等在轻量级探测器 YOLOv2 的基础上开发的，能够高效、精确地进行目标检测和位姿估计，而无须进行细化。YOLO6D 直接预测目标的包围框点在 RGB 图像中的位置，然后利用 PnP 算法估计目标的位姿。

使用合成数据训练用于机器人操作的深度神经网络，可以获得几乎无限数量的预先标记训练数据，且这些数据可以在安全的地方合成，但是合成数据与真实数据之间存在差距。2018 年，Tremblay 等提出利用领域随机化数据和逼真数据的简单组合的方法，解决了这个问题，在面对现实数据时，使用基于该方法合成的数据训练的网络能够正确运行。

像素投票网络（PVNet）是由浙江大学的 Peng 等在 2018 年提出的，用于像素级单位方向向量回归。该网络将图像的每个像素向预定的关键点回归，同时将关键点设置在物体的表面而不是靠近物体的框架的点上，这样可以更好地处理遮挡和截断的问题。

2019 年，Park 等提出了 Pix2Pose，它是一种新的姿态估计方法，可在没有纹理模型的情况下预测每个目标像素点的 3D 坐标。Pix2Pose 开发了一个自动编码器，可以估计每个像素的 3D 坐标和预期误差。这些像素级的预测被用于多个步骤以形成 2D-3D 的对应关系，而姿态则由 RANSAC（Random Sample Consensus）的迭代 PnP 算法直接计算。

He 等提出了一个 PVN3D 网络，使用深度霍夫投票网络来检测对象的 3D 关键点，然后通过最小二乘法拟合的方式估计物体的 6 自由度位姿参数。

清华大学的 Li 等认为，由于旋转和平移有很大的区别，所以应该分开处理。因此，他们提出了一种基于坐标解耦的位姿估计网络（CDPN）用于物体的 6 自由度姿态估计，该方法通过解耦分别预测姿态旋转和姿态平移，即旋转值由 PNP 间接解决，平移值直接从图像中估计。通过这种方式，可以实现非常准确和鲁棒的姿态估计。

国内外视觉感知系统的研究大多集中在算法突破上，在工业机器人使用中基于算法轻量化、可靠性等约束，往往更倾向于选择传统的方法手动提取特征。近几年，深度学习方法在这方面的应用范围迅速扩展，在面向复杂物体的特征学习、识别和定位上，泛化性和鲁棒性都得到了大幅度的提升。但是目前场景下的视觉大多应用在非接触阶段，在接触前为机器人提供自身感知校准、操作目标识别和运动导引等功能，并且位姿估计算法的发展主要停留在公开数据集的验证上，在机器人操作过程中的应用次数较少。

4.4 协作机器人听觉感知

语音交互系统主要包括自动语音识别、自然语言理解、会话管理、自然语言生成、语音合成模块，如图 4-4 所示。自动语音识别是将收集到的用户语音转换为文字；自然语言理解是从一段文字中提取出用户的真正意图；会话管理是人机多轮对话系统的核心部分，它主要完成对话状态的维护并做出系统决策，以决定下一步动作；自然语言生成用于生成贴合人类语言的语句；语音合成是将文本转为语音形式。

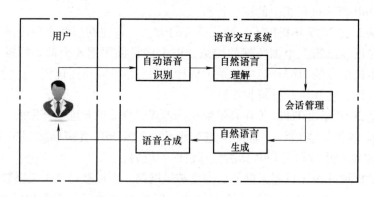

图 4-4　语音交互系统

国外对于语音交互系统的研究起步较早，许多国家投入了大量资源对人机对话系统进行研究。近几年随着深度学习的研究，自动语音识别和自然语言理解等方面均取得了重大突破，以语音交互为基础的应用和产品不断涌现。苹果、谷歌、IBM、微软等公司相继推出人机对话系统。这些对话系统依赖于海量数据库，引入机器学习和深度学习的算法，大幅提升了对话性能，把人机对话系统从实验室的小范围试用推广到了全民使用。

4.5 人类肢体动作感知

人的手部运动是人与人交流的重要方式，同时也是人机交互的重要方式之一。在人机交互领域，手部运动的识别按照设备是否与人体接触，可以分为接触式手部运动识别和非接触式手部运动识别。接触式手部运动识别需要操作者在手部佩戴特定的装备，具有识别精度高、稳定性能好的优点，但是会增加操作者的使用负担、约束操作者的运动。非接触式手部运动识别一般是基于视觉识别算法，具有交互自然、直观的特点，但容易受到光线等环境因素的干扰。Kinect 传感器就是一种常用的非接触式手部运动识别传感器，用于采集人的手部运动信息。

4.5.1　Kinect V2 工作原理

Kinect 是微软公司于 2010 年推出的一款体感设备，具有深度检测、语音识别、人体骨骼追踪等功能，因其强大的功能，被广泛运用在计算机视觉、机器人开发、现代医疗、体感游戏、软件应用等领域。第二代设备 Kinect V2 相比于 Kinect V1，拥有更好的性能，两代 Kinect 的参数比较见表 4-1。Kinect V2 的硬件组成有彩色摄像头、深度传感器、红外发射器和一个四单元麦克风阵列。Kinect V2 通过基于飞行时间（Time of Flight，TOF）的深度相机获取深度图像，即通过红外发射器发射固定频率调制的正弦光波，摄像头同步拍摄多帧反射图像，根据每个像素的亮度变化规律计算反射光的相位差，然后通过相位差来计算每个像素的距离。Kinect V2 硬件组成如图 4-5 所示，它采集的彩色图像、深度图像和红外图像示例如图 4-6a ~ c 所示。

表 4-1　两代 Kinect 的参数比较

		Kinect V1	Kinect V2
彩色相机	分辨率/px（长×宽）	640×480	1920×1080
	帧率/FPS	30	30
深度相机	分辨率/px（长×宽）	320×240	512×424
	帧率/FPS	30	30
可识别人物数量		6	6
人物姿势数量		2	6
关节数量		20	25
检测范围/m		0.8 ~ 4.0	0.5 ~ 4.5
视场角/(°)	水平方向	57	70
	竖直方向	43	60

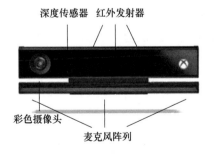
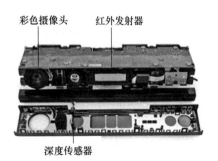

图 4-5　Kinect V2 硬件组成

    a) 彩色图像   b) 深度图像   c) 红外图像

图 4-6 Kinect 传感器采集的图像示例

4.5.2 Kinect V2 数据采集

采用 Kinect V2 获取左右手关节空间坐标的具体工作流程：首先获取彩色图像和深度图像，将深度数据映射到彩色图像中；然后获取骨骼图像，将骨骼图像和彩色图像融合在同一幅画面中。

微软公司提供了 Kinect for Windows V2 SDK（Software Development Kit），其中内置了许多 Kinect 开发常用的函数接口与程序范例。调用 Kinect for Windows V2 中提供的函数，使用 C++进行程序开发，将骨骼点映射到彩色图像中，即可获取左、右手（Hand_left、Hand_right）两个关节的空间坐标。

获取左、右手关节空间坐标的程序开发流程如下：

1）定义判断句柄事件：Kinect V2 获取数据的过程是持续的，句柄是用来负责判断数据是否正常传输、函数是否正常工作的依据。使用句柄后，若函数在某一处出错时，则返回相应的错误原因。

2）Kinect V2 初始化：首先给 Kinect V2 传感器命名，调用 SDK 中的 GetDefaultKinect-Sensor 函数搜寻计算机所连接的传感器，搜索到传感器之后将它打开并进行初始化。

3）获取数据流并对其进行处理：Kinect for Windows 中定义每种数据类型都有 Source、Reader、Frame 和 Data 变量，关节点数据处理流程如图 4-7 所示。

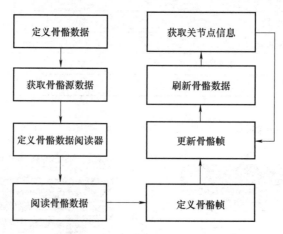

图 4-7 关节点数据处理流程

4）释放占用内存：使用 SafeRelease（）函数释放一次读取中所占用的内存。

5）关闭传感器：使用 pSensor->Close( ) 函数关闭 Kinect V2 传感器。

为了直观地看到识别效果，可结合 SDK 和开源的 OpenCV 库将彩色图像与关节图像融合显示，骨骼图像与彩色图像融合演示如图 4-8 所示。

图 4-8　骨骼图像与彩色图像融合演示

4.6　多模态融合感知

4.6.1　多模态信息融合策略

人类的感知过程是一个多模态信息融合的过程，如人在按压按钮过程中就会充分利用各种模态的感知信息，包括触觉（手指接触按钮）、视觉（用于定位按钮）和听觉（通过听觉确定是否按压成功）等各种感知模态。视觉、听觉、触觉等感知模态各有不同的特点、优势和不足，其适用范围、信息容量等也各不相同。如视觉信息量丰富，但是极易受到遮挡、光照等的影响；听觉信号不易受到遮挡的影响，但是容易受到环境噪声的影响；触觉感知的信息量非常丰富，感知频率也很高，但是感知的作用范围较小。充分利用不同模态传感器的优势，实现跨模态融合感知，将成为机器人感知的重要发展趋势。

多模态信息融合可按照融合层次划分，主要有数据级融合、特征级融合和决策级融合三种。不同的融合策略在不同的应用场景中各有优劣，但是各种融合方法都要经历特征提取、特征识别和综合决策的过程。

1. 数据级融合

数据级融合是指将传感器获得的原始数据或者简单预处理后的数据进行融合处理，其流程如图 4-9 所示。这种融合方式的优点是保留了较多的原始信息，能够提供特征级融合和决策级融合所不能提供的细微信息。该融合方法的缺点主要有三个：①融合后的数据量较大，后期数据处理成本较高；②传感器的原始数据受噪声等信息干扰会造成数据的不稳定，这就要求数据级融合过程具有较强的纠错能力；③数据级融合要求不同传感器之间数据具有相似性，因此，不同传感器必须是同质传感器。

2. 特征级融合

特征级融合是最常用的一种多模态融合方式，其流程如图 4-10 所示。首先，从不同传感器获得的原始数据中提取特征信息，从而降低了数据量；然后，对不同传感器的特征信息

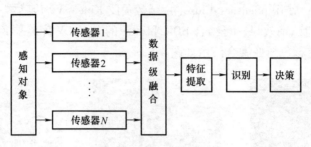

图 4-9　数据级融合流程

进行综合分析处理；最后，对融合后的数据进行识别和决策。这种融合方法与数据级融合相比，在特征提取过程中对数据做了进一步压缩，降低了数据量；与决策级融合相比，特征级融合的识别过程是建立在多种数据融合的基础上的，因此识别结果也较为均衡。

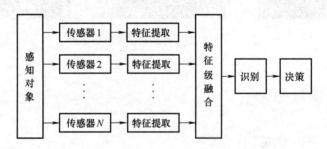

图 4-10　特征级融合流程

3. 决策级融合

决策级融合是发生在决策层的一种融合方式，其流程如图 4-11 所示。该融合方式分别对不同传感器测得的数据进行特征提取和特征识别，相当于各个传感器都得出一个识别结果，然后再综合所有识别结果进行决策。这种融合方法最大的特点是具有较强的容错性，特别是在有传感器出现异常数据或者传感器停止工作时，其他传感器仍然能给出最终决策。

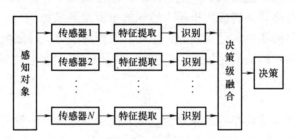

图 4-11　决策级融合流程

智能机器人面对复杂环境的操作能力一直是机器人应用领域研究的前沿问题，但是单一视觉模态并不足以实现现实世界中的很多操作任务。有研究者构建了一种基于视觉和听觉融合的机器人感知操作系统，该系统利用深度学习算法模型实现了机器人的视觉感知和听觉感知，捕获自然语言操作指令和场景信息用于机器人的视觉定位，并为此收集了 12 类声音信号数据用于音频识别。实验结果表明，该系统集成在 UR 机器人上，使它有了良好的视觉定位和音频预测能力，并最终实现了基于指令的视听操作任务，且验证了视听数据优于单一模态数据的表达能力。

　　显而易见，单纯依靠视觉感知信息并不足以支持机器人完成所有类型的任务，尤其是复杂的操作任务。对于现实世界，机器人需要配备不同类型的传感器获取更多的模态信息，如听觉感知信息、力觉感知信息、触觉感知信息、人类肢体动作感知信息、多模态融合感知信息等。而在机器人操作任务中，视触信息融合是一种重要的信息获取方式。

4.6.2　视触觉信息融合技术

　　目前，自主机器人在执行各种任务时，通常都使用多种传感器模态作为输入。这些传感器构成了机器人的感知系统，形成了机器人的视觉、触觉甚至听觉。机器人的感知系统是在人类感知系统的原理和功能的基础上进行设计的，因此面向接触操作任务，机器人也应在一定程度上进行感知模态信息融合，尤其是视觉和触觉。机器人的视觉、触觉信息的使用具有多种形式，但主要有两个思路：一是协同控制，视觉与触觉信息驱动不同的控制器，采用两种控制器以分时、混合或者共享的方式进行控制；二是传感器信息融合，如 Kroemer 等在研究视觉信息和触觉信息融合时，针对视觉信息和触觉信息特征差异较大、不适合等价匹配的问题，提出了一主一辅的匹配思路，对视觉和触觉的联合进行降维，在对纹理材质进行分类时，以触觉为主、视觉为辅进行特征提取。进入深度学习时代，深度学习算法使多模态信息对齐与融合方式更高效，提高了机器人的信息协调感知能力，如 S Luo 等提出了一种基于触觉和视觉的织物纹理识别算法——深度最大协方差分析（Deep Maximum Covariance Analysis，DMCA），该算法利用深度神经网络对摄像机图像和触觉数据进行学习，实验结果表明，DMCA 框架可以获得 90% 以上的良好识别性能，有效改善了系统的感知性能。丰富的多模态感知也提高了机器人决策的准确率，J Li 等提出了一种基于深度神经网络进行滑觉检测的算法，该算法使用视觉和触觉传感器进行训练数据采集，并用深度神经网络（Deep Neural Networks，DNN）来判断是否发生滑动，以利于机器人进行稳定抓取，可广泛用于力的自动控制、抓取策略的选择和精细操作。

　　国内外很多学者针对视触觉信息的综合利用展开了研究，并在多种场景下进行应用。Prats 等融合视觉、触觉传感器信息建立了一种用于机械臂操作控制的框架，机器人搭载的视觉感知系统可以定位到门把手的坐标，并通过触觉反馈系统获取的信息调整视觉系统的误差，从而保证机械手和门把手的位置匹配。Ikrnen 等基于视触融合理论提出了一种三维重建的方法，将三维重建问题转化为状态估计问题，采用目标对称约束，将视觉信息和触觉信息进行互补，该方法三维重建的模型比单独一种的模型更加具体。Song 等提出了一种复杂形状零件的装配策略，该策略基于视觉获得的几何信息和 CAD 模型执行力控制，使用阻抗控制方案来控制接触力，在面向已知模型的复杂零件中的应用效果良好。

　　将视触觉融合信息应用到机器人复杂接触作业中，深度强化学习为机器人的自主操作策略提供了有效的自学习方法。Levine S 等提出了一种基于强化学习和最优控制并融合视觉与力觉的学习策略的方法，该方法将包括关节角度和相机图像等的原始传感数据直接映射到机器人关节处的扭矩，可以学习许多需要视觉和力控制紧密协调的操作任务，包括在一系列孔中插入块、拧上瓶盖及将衣架放在衣帽架上等。

　　Zhu Y 等提出了一种无模型深度强化学习方法，该方法利用少量演示数据来进行强化学习，被应用于机器人操作任务中，并训练直接从 RGB 摄像机输入映射到关节速度的端到端视觉运动策略。

M A Lee 等提出了针对非结构化环境中的接触信息丰富的操作任务，利用深度强化学习方法来解决高维输入的学习控制策略，使用自我监督来学习视觉和触觉输入信息的紧凑和多模态表示，然后可以使用它们来提高学习策略的样本效率，并通过仿真与真实机器人实验完成轴孔插入任务，证明了该方法可以推广到不同的几何形状、配置和间隙，同时对外部扰动具有鲁棒性。

尽管机器人能够通过深度强化学习获得结合视觉、触觉信息的自主操作决策能力，对模型和经验的依赖程度有所降低，提高了机器人的自主接触操作灵活性，但是目前该领域对复杂零件操作和精细任务的考虑较少。此外，依赖于模拟触觉反馈的工作很少，很可能是因为关节刚体系统的接触模拟和碰撞建模目前还缺乏可信度。

在视触两类信息的模态融合研究中，视触觉信息的综合利用多出现在特征层或决策层，虽然深度学习算法为视触觉信息融合的深度化提供了方法，但是现有的如材质识别和机器人抓取研究中，对于触觉信息的利用率仍然不高，多停留在辅助判断、提供接触/非接触等开关类语义信息的功能上，尚未能在接触信息丰富的操作中，利用视触觉信息的并发与补偿特性，为机器人决策提供有效的融合信息，这也是未来的发展方向。

4.6.3　视触听觉信息融合技术

人类在日常活动中使用所有的感官来完成不同的任务。相比之下，现有的机器人操作主要依赖于一种或两种模式，如视觉和触觉。视觉、听觉和触觉可共同帮助机器人解决复杂的操作任务，如构建一个机器人系统，可以用相机看、用接触式麦克风听、用基于视觉的触觉传感器感觉，这三种感觉模式都与自注意模型融合在一起。密集包装和倒水这两项具有挑战性的任务的结果证明了多感官感知对机器人操作的必要性和效果：视觉显示机器人的全局状态，但通常会受到遮挡；音频提供甚至不可见的关键时刻的即时反馈；触摸为决策提供精确的局部几何结构。现实世界中密集包装任务示意如图 4-12 所示，机器人需利用多感官反馈将玻璃杯插入密集杂乱的盒子中。同时利用这三种感觉模式，机器人系统显著优于先前的方法。

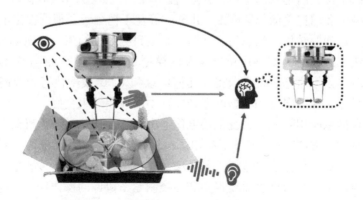

图 4-12　现实世界中密集包装任务示意图

对于人类和机器人来说，视觉、音频和触摸的多感官感知在日常任务中发挥着至关重要的作用：视觉能可靠地捕捉全局设置；音频在被遮挡的事件中也会立即发出警报；触摸提供物体的精确局部几何结构，以显示其状态。尽管在教导机器人处理各种任务方面取得了令人兴奋的进展，但将多种感觉模式结合起来进行机器人学习的工作却非常有限。最近有一些将音频或触摸与视觉结合用于机器人感知的尝试，但几乎没有任何工作能同时纳入视觉、听觉和触觉三种主要的感觉模式，并研究它们在具有挑战性的多感觉机器人操作任务中的作用。

有学者提出了一种新的多感官自注意模型，用于融合视觉、听觉和触觉数据，并将模仿学习用于动作预测。该模型使用自注意机制来跨模态和跨时间参与，大大优于先前的融合方法及其在没有特定模态的情况下的消融版本。其主要贡献有三个方面：首先，提出了一项深入的研究，同时利用视觉（来自相机）、音频（来自接触式麦克风）和触摸（来自触觉传感器）进行机器人操作任务；其次，引入了一个融合三种感觉模式的多感官自注意模型，该模型大大优于现有方法；最后，通过在两个具有挑战性的机器人任务上的应用，即密集包装和倾倒液体，展示了多感官感知在机器人技能学习中的作用。

目前，多模态操作控制框架多使用行为克隆来学习专家策略，这需要收集人类的演示。尽管使用模仿学习取得了令人鼓舞的结果，但机器人感知多感官信号的方式可能与人类在演示过程中利用这些信号的方式不同。利用强化学习让机器人自动发现融合多感官数据流的最佳方法，并解决更具挑战性的操作任务，将是未来工作的有趣之处。另一个潜在的改进是建立一个更通用的机器人设置模式，可以很容易地适应通用的任务。如可以设计一种定制的机器人夹具，该夹具内置接触式麦克风和 GelSight 传感器，以在任何机器人操作任务中同时接收声学和触觉信号。

4.6.4 挑战与展望

多模态信息的引入为机器人智能操作提供了新的机遇，也给信息处理、分析与操作控制带来了新的挑战，目前对于哪种框架能够更好地集成多模态信息还没有达成共识，基于多模态信息的机器人操作认知与控制所面临的挑战如下：

1）多模态信息处理难度大，检测速度和检测精度难以提高。能够快速、准确地实现操作感知是多模态系统存在的价值和意义。检测速度和检测精度是衡量感知性能的两个方面，但两者往往存在冲突，如何权衡两者并有效提高检测性能是多模态感知目前所面临的最大挑战。

2）多模态信息异构性大，感知表示和认知融合困难。不同感官形式的传感器有差异较大的检测范围和检测精度，感知完全不同的物理属性时，信息描述形式往往完全不同，因此，建立耦合对应关系非常困难。先验信息的定义与表达方式的差异也十分巨大。在数据处理层面，由于传感信息采样频率不同、时间尺度存在差异，导致其数据难以完全对齐；在信息提取层面，关联信息表达不明确、提取困难，导致数据互补性难以有效利用。

3）任务目标不明确，研究差异大。在计算机视觉或自然语言处理等领域，由于统一的任务框架及不依赖硬件平台的任务特点，因此研究目标集中，这促进了学科领域的快速发展。但机器人操作任务研究存在机器人平台与应用场景差异性大的问题，数学方法和研究工具难以统一，导致在不同的研究工作间难以迁移、借鉴，大大限制了其多模认知与控制研究的发展。

4）评估标准不统一。尽管不断有新的多模认知系统与控制框架被用于机器人操作任务研究中，但由于系统软硬件条件的差异，评估标准难以统一，且大部分工作不开源，难以进行横向比较。

5）软硬件平台成本高，在工业生产中落地困难。目前的大部分研究工作都处于实验室阶段，为获得较高的分辨力与精度，往往选择高精度传感器；为实现较好的实时性，通常在高算力平台中实现模型计算。若考虑成本条件，则难以在工业生产中落地。目前，工业机器人仍采用重复性较高的工作方式，服务机器人则只能进行较为简单的交互与动作执行。

面向机器人操作任务的多模认知与控制技术仍有比较大的研究空间，需要相关学者不断探索和研究，具体方向如下：

1）机器人操作感知。新型传感器的设计与集成使用将为机器人多模态感知提供硬件基础，随着制造能力与算力的提高，目前事件相机、视触觉传感器、电子皮肤等新型传感器将逐渐投入应用。考虑传感器的实际应用，柔性化、小型化、低成本化的发展趋势将有效提高其使用率，传感器的应用研发应着眼于延长传感器的生命周期与提高其集成度，同时降低传感器的制造成本。

2）机器人操作认知。探索多模认知机理与计算框架将为机器人操作认知提供新的发展可能。探索更高效、表现更优越的认知模型是机器人认知技术发展的本质要求，深入挖掘各模态信息间的互补性，将有助于明确多模态信息间的匹配机制，有助于建立融合目标以提高模型性能。同时，未来的研究也不应局限于模型效果的提升，更应对其产生原因进行深入思考，模型的可解释性将更有效地保证感知与控制的安全性，同时有助于模型的优化。

3）机器人操作控制。提高采样训练效率，将促进数据驱动的机器人操作控制真正实现应用落地；深入研究少样本学习问题与策略迁移问题，将促使操作控制快速适应新任务、新环境。在模拟场景中实现控制器训练，能够有效提高采样效率且不损耗设备，使模型迁移后的微调工作实现自动化，建立更贴近真实环境的模拟开发环境等方式，都是克服模拟—真实差异的有效途径。

第5章

协作机器人力控制

5.1　力控制概念

当机器人沿空间轨迹运动时，位置控制是合适的；但是当末端执行器与环境发生接触时，位置控制是不够的。如果末端执行器、工具或环境的刚度较高，则执行操纵器接触环境表面的操作变得越来越困难，如用硬刮刀刮去玻璃表面的油漆比用海绵擦窗户更难。在清洗和刮擦任务中，不指定玻璃平面的位置是合理的，应指定一个垂直于表面的力。在其他情况下，通过空间分解，调节轨迹和控制接触表面上的力也是非常重要的。

5.2　力控制方法

5.2.1　单自由度力控制方法

假定一个单自由度力控制的场景，如图5-1所示。

单自由度力控制方法的控制目标为：指定输入力，使机械手移动到所需的恒定位置，从而对环境施加力。可以将环境建模为弹簧，弹簧常数表示环境的刚度，因此作用在环境上的力为

$$f = k_e(x - x_e) \tag{5-1}$$

式中，x_e 表示环境的静态位置；x 表示机器人末端的位置；k_e 表示环境刚度常数；f 表示环境接触力。

忽略重力和摩擦力，系统的运动方程为

$$m\ddot{x} + k_e(x - x_e) = \tau \tag{5-2}$$

式中，m 表示单自由度机器人的质量；τ 表示单自由度机器人的驱动力。

采用简单的 PD 控制律，即

$$\tau = -k_v\dot{x} + k_p(x_d - x) \tag{5-3}$$

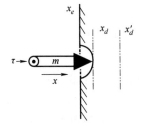

图 5-1　单自由度力
控制简图

式中，k_p、k_v 分别表示比例增益和微分控制增益。

将式（5-3）带入式（5-2）可得系统的闭环动力学方程，即

$$m\ddot{x}+k_v\dot{x}+(k_p+k_e)x=k_px_d+k_ex_e \tag{5-4}$$

这是一个稳定的二阶系统，因为特征方程在左半平面上只有极点。可以通过考察稳态条件来研究 PD 控制律如何控制施加在环境上的力。在稳态状态下，机器人的位置为

$$\bar{x}=\frac{k_px_d+k_ex_e}{k_p+k_e} \tag{5-5}$$

因此，施加在环境上的稳态力为

$$\bar{f}=k_e(\bar{x}-x_e)=\frac{k_pk_e(x_d-x_e)}{k_p+k_e} \tag{5-6}$$

机器人的稳态刚度为

$$k_s=\frac{k_pk_e}{k_p+k_e} \tag{5-7}$$

由于环境刚度通常较大，所以环境刚度常数 k_e 非常大，即 $k_e \gg k_p$，环境上的稳态力可以估计为

$$\bar{f}=k_p(x_d-x_e) \tag{5-8}$$

式中，$\bar{f}$ 表示机器人作用在环境上的稳态力。

这表明作用在环境中的稳态力可以看作是一个具有环境刚度系数 k_p 的弹簧。因此，比例增益 k_p 可以被认为是代表所需的机械臂"刚度"，通过改变 k_p 可以修改机械手的刚度，这种方法称为刚度控制。

注意，上述控制策略通过给出稍微位于接触面内部的目标位置 x_d 来对环境施加力。为了消除位置误差，位置控制器在表面施加稳态力，并且该过程不需要力反馈。

下面介绍一个非常简单的系统力控制问题，即具有不确定干扰力的质点-弹簧接触问题，其示例如图 5-2 所示。

m 表示系统的质量（刚性）；k_e 表示接触环境的刚度；f 表示系统驱动力；f_{dist} 表示模型的不确定性，包括未知摩擦模型等。控制的变量的最优状态是作用在环境上的力 f_e，也就是作用在弹簧上的力，表示为

$$f_e=k_ex \tag{5-9}$$

系统的动力学方程为

$$m\ddot{x}+k_ex+f_{dist}=f \tag{5-10}$$

就控制的变量的最优状态而言，有

$$mk_e^{-1}\ddot{f}_e+f_e+f_{dist}=f \tag{5-11}$$

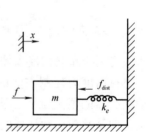

图 5-2　具有不确定干扰力的
质点-弹簧接触问题的示例

使用分区控制器的概念，即

$$\alpha=mk_e^{-1} \tag{5-12}$$

$$\beta=f_e+f_{dist} \tag{5-13}$$

得出控制律为

$$f=\alpha u+\beta$$
$$=\alpha(\ddot{f}_d+k_{vf}\dot{e}_f+k_{pf}e_f)+\beta \tag{5-14}$$

式中，e_f 表示期望接触力与环境感应力之间的力误差，$e_f=f_d-f_e$。

系统闭环误差为

$$\ddot{e}_f+k_{vf}\dot{e}_f+k_{pf}e_f=0 \tag{5-15}$$

然而，在 f_{dist} 未知情况下，上述控制器是不可行的。如果选择将该变量排除在控制律之外，即

$$f=\alpha(\ddot{f}_d+k_{vf}\dot{e}_f+k_{pf}e_f)+f_e \tag{5-16}$$

将式（5-16）代入到式（5-11）中，并通过将所有时间导数设置为零来进行稳态分析，可得

$$e_f=\frac{f_{dist}}{\alpha_0} \tag{5-17}$$

式中，$\alpha_0=mk_e^{-1}k_{pf}$。

如果选择在式（5-14）中使用 f_d 来代替 $\beta=f_e+f_{dist}$，可以得到新的控制律，即

$$f=\alpha(\ddot{f}_d+k_{vf}\dot{e}_f+k_{pf}e_f)+f_d \tag{5-18}$$

将式（5-18）代入到式（5-11）中可得

$$mk_e^{-1}\ddot{f}_e+f_e+f_{dist}=mk_e^{-1}(\ddot{f}_d+k_{vf}\dot{e}_f+k_{pf}e_f)+f_d \tag{5-19}$$

在稳定状态下，得

$$(1+mk_e^{-1}k_{pf})e_f=f_{dist} \tag{5-20}$$

即

$$e_f=\frac{f_{dist}}{1+\alpha_0} \tag{5-21}$$

当环境刚度很大时（通常情况下），α_0 可能很小，因此式（5-21）中的稳态误差比式（5-17）中的稳态误差有很大的改进。图 5-3 所示为使用式（5-19）的闭环系统框图。

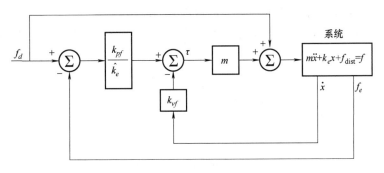

图 5-3　使用式（5-19）的闭环系统框图

实际应用中的一些考虑会影响上述力控制方案的实施。通常，力的轨迹是恒定的，也就是说，通常将接触力控制为一个常数，因此有

$$\dot{f}_d=\ddot{f}_d=0 \tag{5-22}$$

传感器测量到的接触力是相当"嘈杂的"，数值微分计算 $\dot{f}_e$ 是不明智的。然而，由于 $f_e=k_ex$，因此可以得到 $\dot{f}_e=k_e\dot{x}$，这样更现实，因为大多数机器人可以获得良好的速度测量。

环境的刚度往往是未知的，也许会不停地发生变化，然而其变化范围是已知的，即 $k_e\in[k_{emin},k_{emax}]$。通常，使用标称值 $\hat{k}_e$，并选择控制器增益 k_{vf} 和 k_{pf}，以使系统对 k_e 参数的变化具有鲁棒性。

5.2.2 多自由度力控制方法

在推广到 n 自由度连杆机器人的情况之前，应先定义一些符号，因为作用在环境上的力是用任务空间（约束空间）坐标表示的，而机器人方程通常是用关节空间坐标表示的。任务空间坐标通过称为任务空间雅可比矩阵的雅可比矩阵与关节空间坐标相关联。

任务空间矢量与关节空间矢量之间的关系可以从操纵器运动学和适当的任务空间几何体中找到，并通过以下函数表示，即

$$x=h(q) \tag{5-23}$$

x 的导数为

$$\dot{x}=J(q)\dot{q} \tag{5-24}$$

一般来说

$$J(q)=\begin{pmatrix} I & 0 \\ 0 & T \end{pmatrix}\frac{\partial h(q)}{\partial q} \tag{5-25}$$

表示任务空间的雅可比矩阵。其转置矩阵通常用于将关节速度转换为与末端执行器方向相关的滚动、俯仰和偏航导数（即角速度）。

考虑机器人与环境接触时的动力学方程为

$$M(q)\ddot{q}+C(q,\dot{q})\dot{q}+G(q)+F(\dot{q})+\tau_e=\tau \tag{5-26}$$

式中，$\tau_e \in R^n$ 表示机器人在关节空间坐标系中对环境施加的力。

如果机器人不移动，则有

$$G(q)+\tau_e=\tau \tag{5-27}$$

该机器人动力学方程意味着机器人的关节力矩有两个部分：一个是保持机器人在重力作用下的位置；另一个是对环境施加的力（假设没有静摩擦）。

环境力 f 通常用任务空间坐标表示。利用能量守恒定律和 $\dot{x}=J(q)\dot{q}$，可以得到

$$\dot{q}^{\mathrm{T}}\tau_e=\dot{x}^{\mathrm{T}}f \tag{5-28}$$

$$\dot{q}^{\mathrm{T}}\tau_e=\dot{q}^{\mathrm{T}}J^{\mathrm{T}}(q)f \tag{5-29}$$

因此，关节空间力矩 τ_e 和任务空间力 f 之间的关系可以表示为

$$\tau_e=J^{\mathrm{T}}(q)f \tag{5-30}$$

包括环境力的机器人方程可以表示为

$$M(q)\ddot{q}+C(q,\dot{q})\dot{q}+G(q)+F(\dot{q})+J^{\mathrm{T}}(q)f=\tau \tag{5-31}$$

施加在环境上的力以矩阵形式表示为

$$f=K_e(x-x_e) \tag{5-32}$$

式中，$K_e \in R^{n\times n}$ 表示环境刚度的对角线半正定常数矩阵；$x_e \in R^n$ 表示环境静态位置的向量。

请注意，如果机器人不受特定任务空间方向的约束，则 K_e 相应的对角元素设置为零。

n 连杆机器人的 PD 控制律为

$$\tau=J^{\mathrm{T}}(q)(-K_v\dot{x}+K_pe)+G(q)+F(\dot{q}) \tag{5-33}$$

注意，$J^{\mathrm{T}}(q)$ 对于将任务空间误差信号转换为关节空间是必要的。

将 PD 控制律代入式（5-31）得到闭环动力学方程，即

$$M(q)\ddot{q}+C(q,\dot{q})\dot{q}=J^{\mathrm{T}}(q)(-K_v\dot{x}+K_p\tilde{x}-K_e(x-x_e)) \tag{5-34}$$

式中，$f=K_e(x-x_e)$。

为了证明系统的稳定性，可以对闭环系统进行 Lyapunov 稳定性分析。

在稳定状态下，机器人的位置由式（5-35）给出，即

$$\lim_{t\to\infty}\bar{x}_i=(K_{pi}+K_{ei})^{-1}(K_{pi}x_{di}+K_{ei}x_{ei}) \tag{5-35}$$

在单自由度的情况下，假设 K_{ei} 比 K_{pi} 大很多。在受约束的任务空间方向上，对环境的稳态力可以近似为

$$\lim_{t\to\infty}f_i=K_{pi}(x_{di}-x_{ei}) \tag{5-36}$$

这意味着 K_{pi} 可以解释为机械臂在指定任务空间方向上的刚度。在非约束任务空间方向上，$K_{ei}=0$，可得到设定点控制，即

$$\lim_{t\to\infty}x_i=x_{di} \tag{5-37}$$

因此，该 PD 控制律既能实现设定点位置控制，又能实现稳态力控制。控制增益 K_{pi} 用于调整机械臂的刚度。

刚度控制的缺点是只能用于设定点控制，且所需位置和所需力必须恒定。在许多力控制应用中，虽然所需的力可能是恒定的，但位置轨迹不是恒定的。

5.3　力/位置混合控制方法

与约束坐标系 $\{C\}$ 对齐的笛卡儿坐标机器人示意如图 5-4 所示。约束坐标系 $\{C\}$ 是一个附加到环境或机器人末端执行器的坐标系，以便在其中描述任务。对于具有 3 个自由度的简单机器人，在 x、y 和 z 方向上具有平移运动关节，并假设机器人与连接到环境的约束框架 $\{C\}$ 对齐。

末端执行器与刚度为 K_e 的表面接触，其力的方向为 $-C_y$。因此，需要在 C_y 方向上进行力控制，C_x 和 C_z 方向进行位置控制。在这种情况下，解决力/位置混合控制问题的答案也很明显。

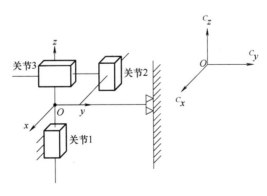

图 5-4　与约束坐标系 $\{C\}$ 对齐的笛卡儿坐标机器人示意图

首先关节 1 和 3 可以控制定位，而关节 2 应该使用力控制器控制；然后提供一个位置轨迹和方向，而在方向 C_y 上独立地提供一个力轨迹（也许只是一个常数）。笛卡儿空间机器

人动力学方程为

$$D_x(q)\ddot{q}+H_x(q,\dot{q})+G_x(q) = F \tag{5-38}$$

式中，x 表示末端执行器的位置和方向向量；F 表示作用在末端执行器上的力-力矩矢量。

该方程可以用来实现解耦笛卡儿位置控制。其主要思路是，通过在笛卡儿空间中使用动力学模型，可以将机械臂位姿解耦为一组独立的、未耦合的向量。因此，笛卡儿坐标机器人的混合控制器可以推广应用。

5.4 总结

1）当末端执行器与环境发生接触时，单靠位置控制是不够的，需要调节轨迹并控制力。

2）无力反馈的力控制可以通过设定稍微位于接触面内部的目标位置对环境施加接触力。

3）当存在模型不确定性时，基于力反馈的力控制可以调节接触力。

4）通过力/位置混合控制，可以跟踪沿不同方向的位置轨迹和力轨迹。

第 6 章

协作机器人阻抗控制

6.1 阻抗控制概念

阻抗控制是指对机器人的期望机械阻抗进行控制。Hogan 在 1985 年提出了阻抗控制的概念。阻抗控制允许机器人以受控的方式与环境进行交互，使得机器人能够在受约束或无约束的环境中工作，而无须在两个状态之间切换，因而是一种具有高鲁棒性的通用方法。阻抗控制在机器人系统中得到了广泛的应用。与位置控制或力控制不同，阻抗控制可以实时调节机器人系统的动态行为。当机器人系统需要与环境进行交互，并希望避免与外部环境碰撞造成损害时，阻抗控制能够起到很好的作用。阻抗控制通过控制末端执行器的运动和接触力之间的关系来实现理想的动态行为控制效果。根据不同的实现方法，阻抗控制可分为基于力控制的阻抗控制（TBIC）和基于位置控制的阻抗控制（PBIC）。阻抗控制方法在工业生产、医疗康复以及人-机器人协作等接触任务较多的机器人领域中得到了广泛的应用。

在工业生产领域，阻抗控制特别适用于装配作业，可以有效地改善卡阻现象。Connolly 等使用基于神经网络算法的力/位混合控制策略，利用神经网络获得外力约束和选择矩阵，成功地进行了插孔试验。Chan 等在操作空间设计了机器人的阻抗控制关系，并使用基于力矩控制的阻抗控制算法，通过力、位置和速度反馈调节关节力矩，实现了机器人在装配中的应用。Lopes 等提出了一种联合控制策略，将小型高频阻抗控制并联操作器（RCID）和普通工业机器人相结合，该方案主要适用于环境未知的场景中，如装配、轮廓跟踪等。

在医疗康复领域，阻抗控制广泛应用于康复机器人中。Li 等提出了一种用于康复机器人的迭代学习阻抗控制器，将期望的阻抗模型作为控制目标，从而保证了机器人的瞬态性能。Taherifar 等针对老年人或部分瘫痪患者开发了智能辅助控制系统，使用了自适应阻抗控制来优化患者在不同阶段与外骨骼之间的交互行为。Akdogan 等提出了一种混合阻抗控制策略，并将其应用于 3 自由度上肢康复机器人中，试验表明该方法能够使患者的肢体力量得到显著改善。

在协作机器人领域，学者们已经对阻抗控制技术进行了广泛的研究。Ikeura 等分析了人-人协作过程中的特征，提出了一种可用于人-机器人协作的优化变阻抗控制方法。Li 等考虑了人-机器人协作过程中的接触力，设计了一种新的基于势垒 Lyapunov 函数的优化阻抗控制器，试验结果表明该控制器能够有效地执行人-机器人协作任务。Ko 等使用模糊推理方法来识别人-机器人交互过程中的用户意图，实现了基于变阻抗控制的移动机器人拖动示教，并与使用传统阻抗控制的移动机器人示教进行了对比，结果证明变阻抗控制方法能够提高拖动示教的效率。

阻抗控制可调节机器人-环境之间的相互作用力以及相对运动之间的关系。因此，机器人能够顺应环境施加的作用力并保证安全。在阻抗控制的早期研究中，通常会规定一个理想的无源阻抗模型，但 Buerger 等的研究认为该模型过于保守，除了机器人本身以外，还应考虑环境模型，以获得期望的阻抗参数。Tsumugiwa 等的研究认为，在很多应用中，由于环境的变化，采用固定的阻抗控制参数是不够的，为此，自适应阻抗控制和迭代学习阻抗控制方法被广泛研究。自适应阻抗控制方法能够实现机器人与环境的高效交互，具有较好的性能，然而它不是交互控制的最优解决方案，而且只适用于恒定或缓慢变化的环境。迭代学习阻抗控制方法需要机器人重复进行操作，其过程比较烦琐。因此自适应最优阻抗控制方法具有更广阔的应用前景。

在阻抗控制器的设计中，优化起着重要的作用。阻抗控制的目标包括力调节和轨迹跟踪，而且通常是这两个目标的平衡。人类肢体对力和阻抗进行适应，可同时实现肌肉空间中不稳定性、运动误差和代谢水平的最小化。之前的研究选择线性二次调节器（LQR）来确定阻抗参数，但是需要知道环境动力学参数。在实际应用中，这通常难以实现，因此自适应动态规划（ADP）方法得到了广泛的研究，以实现对未知动力学系统的最优控制。目前已有采用自适应动态规则方法对机械臂阻抗进行控制的研究，然而其研究工作中一般不考虑完整的环境模型及参数，包括动力学参数和位置/轨迹等。同时，在机器人-环境或人-机器人交互场景中，环境位置或由人类中枢神经系统产生的期望参考轨迹通常是未知的，或者是难于测量的，因此，并非整个机器人-环境交互系统中的所有状态都是可测的。系统动力学参数及部分未知状态给求解稳定或优化的机器人-环境交互控制策略带来了很大的挑战。该难题在实际应用中非常常见，而目前的研究还较少，这也是未来的研究重点。

阻抗控制不单独考虑运动和环境力，而是采用控制器来调节机器人运动与环境力之间的动态行为。在阻抗控制中，控制器的设计指定了机械手的运动与施加在环境上的力之间的期望动态行为。由于目标阻抗与运动力之间满足欧姆定律，因此所需的动态行为被称为目标阻抗。将力与电压、速度与电流等同的机械/电气类比，力与速度之比（类似扭矩与角速度）称为机械阻抗，在频域中可表示为

$$Z(s)=\frac{F_e(s)}{V(s)} \tag{6-1}$$

式中，$F_e(s)$ 是环境力；$V(s)$ 是速度；$Z(s)$ 是阻抗。

如果将速度 $V(s)$ 替换为位置 $X(s)$，式（6-1）可以写为

$$sZ(s)=\frac{F_e(s)}{X(s)} \tag{6-2}$$

对于线性情况，机械臂的期望阻抗可规定为

$$sZ(s)=-(M_d s^2+B_d s+K_d) \tag{6-3}$$

式中，M_d、B_d 和 K_d 分别表示机械臂期望惯性、阻尼和刚度。

把式（6-2）、式（6-3）结合起来可得

$$(M_d s^2 + B_d s + K_d) X(s) = -F_e(s) \tag{6-4}$$

式（6-4）在时域中可以表示为

$$M\ddot{X} + B\dot{X} + KX = -F_e \tag{6-5}$$

式（6-5）规定了机械臂实现目标阻抗所需的响应。阻抗控制器的任务是产生式（6-5）表示的实际机械臂响应。

阻抗控制策略可以使用机械臂动力学的任务空间公式来实现。考虑在任务空间（约束空间）中建立的机器人动力学方程，即

$$M_x(X)\ddot{X} + N_x(X,\dot{X}) + F_e = F \tag{6-6}$$

式中，$M_x(X)$ 和 $N_x(X,\dot{X})$ 是关节空间公式中 $M(q)$ 和 $N(q,\dot{q})$ 矩阵的任务空间等价；并且

$$F = (J^{\mathrm{T}})^{-1}\boldsymbol{\tau} \tag{6-7}$$

是关节空间输入力矩的任务空间表示。

使用分区控制律公式，我们可以选择控制器的以下模型基础部分，即

$$F = \alpha F' + \beta$$
$$\alpha = M_x(X) \tag{6-8}$$
$$\beta = N_x(X,\dot{X}) + F_e$$

其中误差驱动部分由（6-5）中给出的期望阻抗公式导出，即

$$F' = \ddot{X} = -M^{-1}\left[K(X-X_d) + B\dot{X} + F_e\right] \tag{6-9}$$

对于工作空间驱动力，在关节空间所需的扭矩输入为

$$\boldsymbol{\tau} = J^{\mathrm{T}}F \tag{6-10}$$

6.2　基于力控制的阻抗控制

在基于力控制的阻抗控制中，需要一个内部力控制环，阻抗模型根据实际位置信号调整所需的扭矩、力，从而实现期望的阻抗。基于力控制的阻抗控制方案如图 6-1 所示。在机器人应用中，基于力控制的阻抗控制需要精确地建立包括摩擦力在内的系统动力学模型，并且对不确定性和时变参数非常敏感，但是其优点在于控制器响应带宽较大。

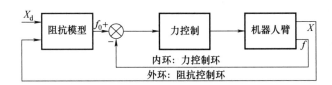

图 6-1　基于力控制的阻抗控制方案

6.3　基于位置控制的阻抗控制

基于位置控制的阻抗控制与基于力控制的阻抗控制的不同之处在于其内环是位置控制环，它根据反馈的相互作用力来调整期望的运动轨迹，其方案如图 6-2 所示。基于位置控制

的阻抗控制具有更强的鲁棒性，因为该方法不需要精确的机器人动力学模型，在机器人建模精度较差时，内环轨迹跟踪可以使用自适应、鲁棒轨迹跟踪方法，其缺点在于控制器响应带宽较小。此外，由于大部分机器人控制系统具有位置和速度控制模式，因此基于位置的阻抗控制是实际应用中的首选方案。

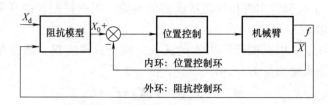

图 6-2　基于位置控制的阻抗控制方案

阻抗控制用于调节机器人-环境之间的接触力以及相对运动之间的动态关系，目前的研究存在以下问题：

1）很多研究仅考虑机器人阻抗控制特性，未将环境动力学参数和位置参数考虑在内。

2）自适应阻抗控制方法仅实现了高效的机器人-环境交互控制，但并非是最优结果。

3）目前的研究多是针对单接触点单交互任务的情况，对于多接触点、多协作任务的研究很少。

4）阻抗控制模型比较单一，无法适用于很多交互控制问题。

注意，阻抗控制代表了各种力控制策略的统一。刚度控制策略可以看作是阻抗控制的一种特例，只考虑了稳态力/位移关系。纯位置控制可以看作是无限阻抗阻抗控制，纯力控制可以看作是零阻抗阻抗控制，被认为是具有零阻抗的阻抗控制。阻抗控制还可能出现奇异性问题（雅克比矩阵奇异性）。阻抗控制同样能够实现对接触力的跟踪控制，即

$$M_d\ddot{X}+B_d\dot{X}+K_dX=\Delta F=F-F_d \tag{6-11}$$

目前，阻抗控制在协作机器人领域得到了广泛的应用。随着人们对服务、医疗保健、娱乐等应用领域的研究兴趣不断增长，协作机器人有望在未知环境中工作。

大多数传统机器人控制器的设计是假定外部环境是固定的，并不适用于多数情况，因此需要研究机器人和未知环境之间的交互。

人类在执行接球、开门等很多任务时，由于新的门、球是未知的环境，人类可以在开门、接球时反复调整肢体阻抗。在未来，将阻抗学习技术应用于机器人控制是可能的。

综上，对阻抗控制方法总结如下：

1）阻抗控制可调节机械手运动和施加在环境上的力之间的动态行为。

2）阻抗控制是各种力控制策略的统一。

3）纯位置控制可视为无限阻抗阻抗控制，纯力控制可视为零阻抗阻抗控制。

4）人类在执行新任务时会调整肢体阻抗，可以将阻抗学习技巧应用到机器人控制中。

6.4　阻抗控制应用实例

为了验证阻抗控制的效果，西安交通大学下设的陕西省智能机器人重点实验室在如图 6-3 所示的 2 自由度协作机器人平台上，分别进行了被动阻抗控制和共享阻抗控制的试验。

　　阻抗控制试验装置如图 6-4 所示，由机械臂、dSPACE
控制系统和计算机组成。算法控制周期为 1ms，机械臂阻抗
参数设置为期望质量 $M_d = 10\text{kg}$，期望阻尼 $C_d = 200\text{Ns/m}$，期
望刚度 $K_d = 1000\text{N/m}$。试验仅在 x 轴方向上给机械臂施加接
触力，同时机械臂的运动也仅在 x 轴方向上。试验共分为两
部分：第一部分，机械臂本身并没有期望轨迹，通过在机械
臂末端施加接触力，使它产生运动，该模式通常被用于机械
臂拖动示教过程中，被动阻抗控制试验结果如图 6-5 所示；
第二部分，机械臂本身已设计好期望轨迹，通过在机械臂末
端施加接触力，机械臂对自身期望轨迹进行调整，从而实现
对接触力的柔顺，该模式通常被用于机械臂接触避碰等过程
中，共享阻抗控制试验结果如图 6-6 所示。

图 6-3　2 自由度协作机器人平台

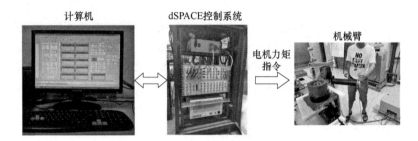

图 6-4　阻抗控制试验装置

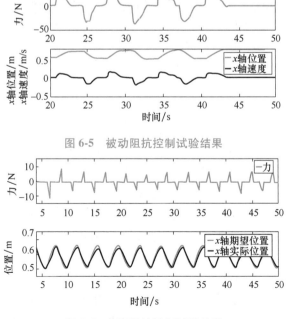

图 6-5　被动阻抗控制试验结果

图 6-6　共享阻抗控制试验结果

第 7 章

人-机器人交互技术

目前的工业机器人存在简单化、单一化、指令性强、自主性差的问题，特别是在动态任务场景的建模和理解能力、自主行为识别、行为意图理解与预测的能力以及人机自主协作方面，难以满足合作者对主动性、便利性和舒适性的需求。当前工业机器人需具备更加主动性的环境建模、行为理解、人机互适应的自主协作能力，这也是下一代机器人——协作机器人的核心特点之一。协作机器人将能够实现机器人-环境-人之间的深度理解与交互、行为识别和安全共处（环境适应、互不干涉或者协同工作）。

为此，协作机器人应有学习和识别人类的行为、理解人类的基本需求和运动意图及识别协作者的身体姿态、状态的能力，同时对所处动态环境中的物体及物体间的关系、物体的可操作部位、人与物体间的操作关系等有深入的理解。机器人与人及所处的环境，称为人机协作场景。对场景和物体的属性和相关的空间关系的识别和解析，以及物体间关系的理解与推理，称为场景理解；在此基础上对场景进行 3D 建模，并对场景及元素间的逻辑进行关联并得到拓扑结构，称为机器人定位及语义地图绘制；对环境中人的姿态、行为以及人与物的操作关系的理解和预测，称为意图理解。基于三者提供的信息，机器人通过互学习自适应地产生决策和动作，与人或其他机器人交互的过程，称为基于感知和意图理解的自主人机协作。

协作机器人应能从采集到的场景中主动提取出物体的语义信息，以及物体间的空间关系、语义关系。主动识别人体的姿态、行为、操作任务以及运动意图，以便实现人机自主协作，是实现机器人与人共融的必经路径。因此必须要解决机器人面临的以下挑战：在与人共享的非结构化环境中实时对复杂人机协作场景进行充分的情境理解，包括对物体及物体间的组合关系的理解、物体的可操作部位识别及与人构成协作关系的深入解析等；复杂场景的定位与拓扑地图的构建；场景内人的姿态与行为识别；及时捕捉、理解及预测人的运动意图；实时接收抽象指令如行为姿态等，具有良好的人机协调合作能力等。

人-机器人交互技术（人机交互技术）的发展对提高交互自然性提出了要求，多模态交互与智能感知成为一大趋势。多模态交互是指充分利用人体的多种感官和生理效应，有选择地综合多种传感方式，使各种传感信息并行采集并协调互补地捕获操作者的操作意图。智能感知则充分利用感知能力和决策系统对来自操作者的传感信息进行筛选、融合、特征提取，然后进行识别分类。多模态交互和智能感知极大地发掘了交互系统的潜力，大幅提升了交互感知能力，增进了人机交互过程中的自然性。

7.1　人-机器人交互概述

可以将人机交互简单地理解为"人与机器或某个复杂系统的沟通和互动过程"。Schmidtler等认为人-机器人交互是人类和机器人之间所有交互形式的总称。Fang 等将人机交互定义为"传达人类意图，并将任务描述、解释为符合机器人能力和工作要求的一系列机器人动作的过程"。人机交互也可以定义为许多参与者（人类、机器人）相互交流的情况。目前已经部署了大量的机器人来协助或代替人类执行各种重复和危险的制造与装配任务，然而考虑到当前技术的局限性和场景的复杂性，人类和机器人需要共享一个工作空间，两者成为协作者并肩工作、完成任务。良好的人机交互对于提升人机协作效能具有重要作用。

人机交互实现的过程中存在三个不可忽略的关键主题：意图检测、角色分配和信息反馈。其中，将意图检测定义为机器人需要了解人类行为意图，以便机器人能适当地协助该行为的实现。此时，机器人检测操作者意图的能力直接依赖于人与机器人之间存在的信息传输通道和机制。意图信息的获取为具体的操作提供了明确的方向指导，在与协作机器人交互期间，仲裁确定权限如何在人与机器人之间分配。近年来人性化的人机互动、机器人对操作者情绪表达的准确理解成为人机交互的重点研究方向。意图检测已逐渐成为人机交互中的研究重点和关键。

人机交互可以定义为"致力于意图理解、设计评估并以人为感知节点或与人合作的机器人系统"。面向接触式人机交互，研究者提出了人与机器人共享控制的框架，包括三个关键部分：意图检测、意图识别与行为响应。在此框架中，首先通过感知并定义操作者操作意图，探索在接触式人机交互中检测意图信息的方法；然后，人与机器人之间的相互作用以及各自对环境的影响方式可以通过意图识别进行选择，并定义了将任务分配给人或者机器人的机制；最后，机器人在轨迹规划、运动控制的过程中，向操作者提供关于任务与环境特征的信息反馈，使得操作者能够时刻监测任务完成进度与机器人状态，机器人的反馈机制可以通过感官通道来实现，通常是触觉。

人机交互过程中的三个部分的划分可以用来模拟人机交互过程中的很多应用，如在人-机器人协同搬运一张桌子的过程中，首先通过使用力/力矩传感器进行意图检测与感知；然后通过动态角色分配方案实现人机共享控制；最后通过共同操作的对象（桌子）以触觉方式提供反馈，以监测搬运状态。

7.2　人-机器人交互接口

从最开始的语言命令交互到如今主流的"所见即所得"的图形用户界面交互，人机交互技术的发展总是伴随着计算机技术的进步。传统的人机交互多是通过穿戴设备等机械设备实现的，这在一定程度上约束了人机交互中人的操作自由。

如今随着人工智能、大数据、多媒体、云计算等技术的快速发展，人机交互也正朝着更自然高效的方向发展。

典型人机交互接口如图 7-1 所示。

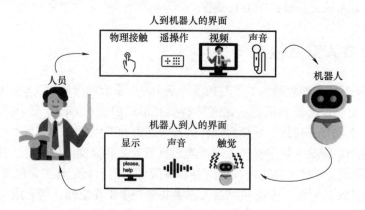

图 7-1　典型人机交互接口

7.2.1　常用人机交互设备和方式

1. 相机

除了普通相机，还有深度相机，深度相机比普通相机多出一个深度的维度，能带来更多的信息和应用。微软公司推出了 Kinect，其主要功能是追踪人体骨骼，在游戏开发、计算机视觉领域有着广泛应用。英特尔公司推出的 real sense 和 leap 公司推出的 leap motion 更注重短距离内的手势识别。

2. VR 眼镜

HTC 公司研发的 vive pro 系列 VR 眼镜在游戏和娱乐领域有着很好的表现，6 自由度交互、高刷新率和分辨率减少了虚拟现实技术的眩晕感和纱窗效应，增强了用户的沉浸感。

3. 语音交互

语音交互作为人们最基本的一种交流方式，一直是科技公司研究的重要方向。苹果、百度等诸多公司在语音识别和语音交互领域不断进取。苹果公司推出的 Siri 即是语音交互、人工智能和大数据等技术的集大成者。

4. 表面肌电信号

表面肌电信号的变化可以反映肌肉的运动状态变化，通过对手臂上的表面肌电信号进行放大滤波、提取特征值和模式识别等处理后，可用于判断手部的动作意图。

5. 脑电信号

利用脑电信号可以很好地解读人体运动意图。脑电交互接口可以帮助用户与机器人之间实现更好、更自然的交互，如图 7-2 所示。上肢运动脑电感知方法主要包括稳态视觉诱发电位和运动想象两种脑电信号感知方法，可以基于 OpenBCI 搭建完整的控制系统，进行脑电信号的采集、处理、识别以及机器人的运动控制。脑电信号的分析处理是脑电控制系统的关键部分，运动意图的识别准确率和解析速度，均会对整体的控制效果产生很大影响。稳态视觉诱发电位和运动想象产生的机理不同，它们对应的信号处理算法也不相同，相似的地方是信号预处理部分，主要是滤除各种周围设备包括空气中的电磁干扰，以及被试本身的心电等与运动意图不相关的干扰。在预处理之后，信噪比提高，此时再对脑电信号进行特征提取、特征分类识别等，进而提取被试的运动意图。

6. 手控器交互

手控器是操控人员给机器人发送位姿指令信号时常用的一种方式，根据涵盖的自由度数可分为 3 自由度手控器、6 自由度手控器；根据手控器机械结构可分为串联手控器和并联手控器。Force Dimension 手控器如图 7-3 所示。手控器在医疗手术、空间在轨服务遥操作等场合得到了广泛应用，但是存在交互不够自然、易疲劳等缺点。

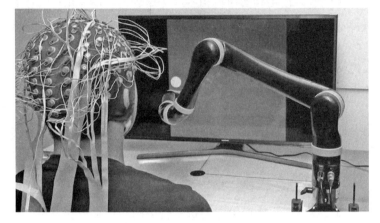
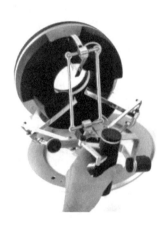

图 7-2　脑电交互接口　　　　　　图 7-3　Force Dimension 手控器

7. 穿戴式交互

近年来，穿戴式交互手段已成为一种非常常用的人机交互方式。穿戴式交互方式在灵活、高效、精细地对机器人进行操控方面具有天然的优势。穿戴式交互设备主要包括穿戴式数据手套（见图 7-4）、穿戴式外骨骼（见图 1-10）等。广义上讲，脑电信号和表面肌电信号采集设备也属于穿戴式交互设备。

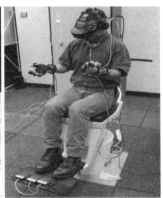

图 7-4　穿戴式数据手套

7.2.2　人机交互方式分类

根据人机交互过程中人体动作控制信息的获取方式不同，人机交互方式可以划分为以下两种：

1）外设附着方式，即附着在人肢体上的感应设备对人体动作信息进行采集。该方式需要在人身体上附加额外的感应设备，虽然响应速度快且识别精确度高，但增加了设备成本，降低了人机交互的自然性，不易于被普及应用，更偏向应用于快速响应及精确控制的工业控制领域。

2）计算机视觉方式，即视频捕捉设备对人体的运动信息进行检测，将获得的 RGB 彩色图像、红外图像等数据信息进行分析和处理，从而提取出人体动作信息。该方式对外设的要求相对简单，通常只需要摄像头或传感器。作为随着机器视觉、人工智能、模式识别等学科的发展而产生的新技术，计算机视觉方式相对于外设附着方式，具有轻便无须佩戴、对设备要求低等优点。

按自然交互的方式分类，人机交互主要可以分为体态语言交互、语音交互等，主要包括手势识别、肢体动作识别、语音识别及其他交互方式。

（1）手势识别交互方式

手势是指人通过意识来控制手部动作，从而表达特定的含义和交互意图。通过具有符号功能的手势来进行信息交流和控制机器人，使用户与机器人的交互方式变得更为自然、直接。

（2）肢体动作识别交互方式

动作是指人的多关节协同完成的身体动作，一般需要对运动特征归一化来消除身高、体形、臂长等方面的差异。人的运动具有多样性，对运动语义的分析更加复杂。通过全身动作与机器人交互，使人机交互的方式变得更为自然。

（3）语音识别交互方式

语音识别就是让机器人通过识别和理解过程把语音信号转变为相应的文本或命令。通过语音与机器人进行对话交流，让机器人明白用户的交互意图。

（4）其他交互方式

其他交互方式如眼球、意念、表情、唇读等，可针对不同的应用和人群，因此，它在特殊情况下更为有效。

在交互式学习设置中，人类教师和机器人经常交换信息。人类以多种不同的形式进行交流是很自然的，然而，从机器人的角度来看，所接收信息的类型、格式和内容会极大地影响其学习过程。此外，选择机器人与人类通信的适当方式可以提高人类对系统的理解，从而提高教师向机器人提供的信息质量。根据 Dudley 和 Kristensson 的说法，接口是负责用户和系统之间双向反馈的桥梁。此处将接口定义为用于捕获、提供数据的物理通道，以及将原始数据处理为所需信息类型的相关软件。

7.2.3 人到机器人交互接口

1. 与机器人的物理接触

能够通过物理接触来示教机器人是一种很有前途的教授机器人完成通用任务的方法，因为它不需要与用户通过任何额外的接口进行交互，这种方法通常被称为拖动示教。拖动示教以其简单的操作为优势，这是非专家用户在日常任务中使用机器人的关键特征。拖动示教已成功应用于机械臂。然而，这样的接口在其他场景中可能不可行或不安全，如机器人的尺寸必须在人类可操作范围内，因此不适用于纳米或工业大尺寸的机器人。此外，高速机器人使动觉教学变得不可行或不安全，特别是在需要高速控制的任务（如平衡任务）中。

2. 与外部设备的物理接触

按键存在于大多数计算单元（如键盘、操纵杆、遥控器、触摸板）中，可以说是用户向系统输入信息的最标准的外部设备。基于按键的接口是方便的，因为它们在大多数系统中都很容易获得，并且可以被映射，以向机器人系统提供不同类型的反馈。如在 Palan 等人的工作中，按键可用于提供完整的演示。

除此之外，6 自由度接口（如空间鼠标等）允许用户直接控制机器人末端执行器的位置和方向，并提供连续信号。这样的界面允许在人类无法提供拖动示教的场景中进行交互式教学。因此，按键、操纵杆和 6 自由度鼠标等交互外部设备可以用于高效人机交互。

3. 无接触接口

（1）深度传感器和运动捕捉

深度传感器和运动捕捉提供关于深度、姿态估计和运动跟踪的信息，这通常是执行动态任务所必需的。运动捕捉常使用摄像机或一系列惯性传感器来提供物体和人体的跟踪信息，用作人机交互界面。这些系统已经成功地用于跟踪用户的手势，而手势会被映射到机器人的末端执行器。2011 年，León 等使用运动捕捉来记录人类教师直接操作的对象位置的演示，从而获得第一个策略，然后以交互方式进行改进。2016 年，Najar 等使用 Kinect V2 从头部运动（点头和摇晃）中创建离散信号，该信号可被映射为对学习智能体的正反馈或负反馈，类似于按键。

（2）语音

创建语音接口的直接方法是使用预先建立的命令，从而简化其识别过程，其中特定的语音指令被用作反馈信号（如"好的"或"坏的"），或触发特定的操作模式。此外，Tenorio Gonzalez 等提出用语言识别模块解析语音命令，以识别预先建立的词汇，其中所有词汇都具有关联的奖励值，该奖励值用于构成最终的评价反馈奖励。

然而，这种简化的方法无法完全捕捉人类语音的丰富信息。MacGlashan 等于 2014 年提出了一种基于文本命令的方法。Cruz 等于 2015 年在模拟环境中使用了语音命令，其中语音命令由自动语音识别（ASR）模块处理。Krening 等于 2017 年将自然语言句子解析为分析情感的建议或警告。Cruz 等于 2018 年使用多模态估计模块集成运动捕捉命令和语音命令，以对机器人进行示教。

（3）大语言模型

自然语言处理（NLP）的快速发展导致了大语言模型（LLM）的发展，如 BERT、GPT-3 和 Codex，这些模型正在改变人们的生活，在文本生成、机器翻译和代码合成等各种任务中取得了显著的效果。其中表现最为突出的是 OpenAI 的 ChatGPT，它是预训练的生成文本模型，使用人类反馈进行微调。与传统语言模型主要在单个提示下操作不同，ChatGPT 通过对话提供了令人印象深刻的交互技能，将文本生成与代码合成相结合。

与纯文本应用程序不同，机器人系统需要对现实世界的物理、环境背景和执行物理动作的能力有深入的了解。生成式机器人模型需要具备强大的常识知识和复杂的世界模型，以及与用户交互的能力，以物理上可行且在现实世界中有意义的方式解释和执行命令。

近年来，有不同的工作尝试将语言融入机器人系统，这些工作主要针对特定的形式因素或场景使用语言标记嵌入模型、LLM 特征和多模态模型特征。应用范围包括视觉语言导航、基于语言的人机交互和视觉语言操作控制。然而，尽管在机器人技术中使用 LLM 具有潜在的优势，但大多数现有方法都受到严格的范围和有限的功能集的限制，或者受到其开环性质的限制，不允许来自用户反馈的流畅交互和行为矫正。

ChatGPT 在机器人应用方面具有较大的潜力。使用 ChatGPT 提升机器人应用能力的关键在于创建高级函数库。鉴于机器人技术是一个多样化的领域，存在多种平台、场景和工具，因此存在各种各样的库和应用程序编程接口（Application Programming Interface，API）。这里并不要求 LLM 输出特定于机器人平台或库的代码，这可能涉及广泛的微调，而是为 ChatGPT 创建了一个简单的高级函数库来处理，然后在后端链接到所选机器人平台的实际 API。因此，应该允许 ChatGPT 从自然对话框中解析用户意图，并将其转换为高级函数调用的逻辑链接。

研究表明，ChatGPT 能够以零样本方式解决各种机器人相关任务，同时适应多种不同因素，并允许通过对话进行闭环推理。

将 ChatGPT 应用于机器人任务的流程涉及多种提示技术，如自然语言对话、代码提示、可扩展标记语言（XML）标记和闭环推理。用户可以利用高级函数库，使模型能够快速解析人类意图并生成解决问题的代码。

实验表明，ChatGPT 具有辅助执行各种机器人任务的能力，包括涉及具体机器人、空中导航和操作的更复杂场景。

同时，目前已经有协作开源平台，如 PromptCraft，使得研究人员可以在该平台上协作，收集机器人与 LLM 合作时，提供积极（和消极）提示策略的示例，进而提升机器人和 LLM 的协同效果。

7.2.4　机器人到人交互接口

尽管人机交互中的大多数工作都集中在如何捕获人类信息和向人类学习，但有一些工作一直在关注相反的交互方向。该通道允许机器人传达纠正或反馈输入，如在机器人主动学习的情况下，机器人在改善学习过程的特定情况下会给用户提供反馈。此外，Li 和 Koert 等表明，向人类提供关于机器人动作的不确定性和性能信息可以提高教师的反馈质量、改善学习过程，即教师能同时学习如何更好地教授机器人技能。因此，了解如何向人类传达以及传达什么信息是使非专家能够交互式地教授机器人技能的关键。

1. 显示器

使用计算机屏幕是机器人与人类交流的最常见方式，图 7-5 所示为人机交互显示界面。屏幕适用于显示动作模拟或行为估计，为用户提供见解，允许他们预览机器人的行为并据此采取行动。从偏好中学习（Learn from Preference，LfP）的方法使用了模拟显示，该方法向用户显示了一些模拟轨迹，然后用户根据个人偏好选择最合适的轨迹。

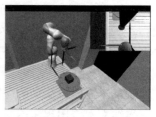

图 7-5　人机交互显示界面

视频接口也是虚拟现实套件的一部分，该套件通常由一个可佩戴的耳机和一个操纵杆或控制器组成，可将相机图像流式传输给用户，并提供标准键、模拟杆来控制机器人，如 Del-

Preto 等使用虚拟现实套件，成功教授机器人执行了抓取任务。

2. 声音

使用预定义语句的语音是创建从机器人到人之间通信接口的一种简单方法。

7.2.5　接口设计

为成功完成智能体和人的交互接口系统的连接设计，应该考虑三个主要方面：①硬件接口；②交互方式；③用户体验。这里着重介绍用户体验方面，具体如下：

第一，界面设计时应考虑用户的需求和模型，用户研究可以揭示错误的假设或用户模式，这可以用来提升系统可用性和效率；第二，应考虑用户对模型、功能和交互模式的偏好，如允许非专家用户构建系统的准确心理模型，从而获得可能的最佳反馈；第三，应避免过度查询，以减少用户不期望的认知负荷。

7.3　人-机器人协作控制

人-机器人协作（人机协作）控制可分为被动协作控制、共享协作控制和主动协作控制。

对于被动协作控制，机器人没有自己的运动意图或期望运动轨迹，只是强调对外部交互力的响应，以顺应其伙伴，如人类伙伴的运动意图。这在人-机器人拖动示教中很常见。Ficuciello 等选择了不同的被动阻抗调制策略进行机器人被动指引操作，并在 7 自由度的KUKA LWR4 机器人上进行了测试试验。在这种情况下，虽然机器人能够顺应接触力，但由于虚拟质量、阻尼和刚度的存在，机器人智能体仍然表现为负载特性。

对于共享协作控制，机器人及其伙伴都有自己的运动意图或目标位置、运动轨迹。当不存在外部干预或交互作用时，机器人会坚持自己的运动意图；当存在外部干预或交互作用时，机器人将寻求坚持自身运动意图和顺应外部环境之间的平衡。机器人与伙伴之间的平衡是通过机器人的角色自适应或者参考运动轨迹自适应来实现的。Li 等利用博弈论，使用角色自适应方法实现了人机交互过程中的自然交互效果。Kucukyilmaz 等研究了这样一种动态角色交换机制的效用，即协作伙伴通过触觉通道进行协商，以在协作任务上交换其控制角色。Wang 等建立了描述机器人与环境相互作用性能的代价函数，将轨迹跟踪误差和机器人与环境之间的相互作用力结合起来，并在此基础上提出了基于轨迹参数化和迭代学习的机器人参考轨迹自适应方法。在这种情况下，由于两者的任务目标不一致，机器人与协作伙伴之间仍然存在冲突。

对于主动协作控制，机器人主动估计、预测或学习协作伙伴的运动意图、任务分配、协作角色、动力学参数和成本函数。Li 等利用径向基神经网络方法对协作伙伴的运动轨迹进行在线拟合，从而实现机器人与协作伙伴之间的主动协作控制。Wang 等使用意向驱动动力学模型（Intention-driven dynamics model）从概率的角度模拟由意图引导的运动的生成过程。Wang 等使用隐马尔可夫（HMM）方法对人-机器人握手过程中人的运动意图进行估计，从而实现更加自然顺畅的协作效果。Khansari-Zadeh 等基于高斯混合模型对人-机器人协作过程中人类的运动方程进行参数化建模，从而实现主动协作。Khoramshahi 等利用动力学系统方法对人-机器人协作过程中的不同任务进行估计和自适应。Mörtl 等基于人的反馈提出了两种动态角色交换机制调节机器人，以完成主动协作任务。Song 等提出了一种带自适应窗的滑动最小二乘法（SLMS-AW）在线估计手臂阻抗模型参数的方法，提高了康复机器人与人交互过程中运动的平滑性和柔顺性。Chang 等将 SCARA 机器人和基于内模阻抗控制（Internal Model-Based Impedance Control，IMBIC）的随机估计方法用弹簧阵列进行验证后，将该方法应用于人体手臂阻抗的估计。因此，协作伙伴对机器人智能体来说具有一定的透明性。在此基础上，机器人智能体可以采用相同的控制策略，如相同的运动意图和成本函数，实现与协作伙伴之间真正的主动协作。因此，对于主动协作控制而言，机器人与协作伙伴之间的冲突最小，它也是目前重要的研究趋势。

7.3.1　人类意图理解

在人机协作中，作为服务对象，人处于整个协作过程的中心地位，其行为意图决定了机器人的响应行为。除了语言之外，行为是人表达意图的重要手段。因此，机器人需要对人的行为姿态进行理解和预测，继而理解人的意图。人的行为认知理解可以通过行为识别、姿态估计和运动预测等来实现。行为识别是指识别人的动作的类别，确定大致的行为意图。姿态估计是指估计人体关节点的位置，为人机交互与协作提供充分的信息。运动预测是指在已知的信息基础上，对未来动作进行估计。基于预测的意图理解是指结合已识别和预测的运动信息，对人未来的意图进行估计。

1. 行为识别

行为识别通过检测和分类给定输入信息中的人类活动，从而理解人的行为。在人机协作中，识别人的行为有助于判断人的意图，同时在一定程度上决定了机器人的行为。早期，行为识别的研究对象是跑步、行走等简单的行为，背景是相对固定的实验室环境或者专业的体育视频，干扰因素较少。在这一阶段，行为识别的研究重点集中于设计表征人体运动的特征和描述符。Yilmaz 等提出了一种基于时空卷（Space-Time Volume，STV）的视频表示方法，用时空卷的方向、速度和形状的变化刻画了运动的特征。为了详细表示局部的运动细节，I. Laptev 等提出了基于局部表示的行为识别方法。尽管这类方法在一些简单的数据库中取得了较好的效果，但是由于人工设计的特征表征能力不足，难以获得区分度较高的特征，所以这些方法在实际场景中的效果远远不能令人满意。

目前的研究主要聚焦于通用的行为识别，不同种类的行为之间具有较大的差异。但是，在人机协作场景中，不同行为之间的动作差异较小，没有明显的时间间隔。为了满足人机共融协作的要求，需要识别相似度较大的行为。另外，由于目前的主要算法还是对整段输入数据进行处理，不能实时处理片段数据，所以不能直接应用于实时的人机交互。因此，还需要研究动态场景中的行为实时检测与识别算法。

2. 基于运动预测的意图理解

以识别人类当前动作意图为基础，通过运动预测的思想，可对未来运动意图进行估计，从而使机器人能动态地理解人的意图，完成互适应的人机协作任务。

对于人机协作问题，机器人通过预测人的运动，可以更准确地完成人机互适应协作任务。人机协作时，机器人面对的情景往往是动态的、不确定的，通过建立算法框架，使得机器人拥有与人类相似的意图理解、预测能力，进而可以与人相互理解和协作。对人的行为建立层次化的知识网络，机器人通过对输入信息进行查找，利用结构化的知识，进而"阅读"出人的意图。理解人的意图时，人手臂的信息往往是非常重要的，因此研究者专门对手臂轨迹进行分析，提出一种推理人手臂目标位置的算法。该算法利用神经网络来表示手臂动态的运动信息，人向目标靠近时的手臂运动轨迹则被建模为平稳动态系统。利用 Kinect 传感器获取的数据，在三维空间对手臂移动的目标位置进行建模，并利用近似最大期望值算法在线学习模型。同样，通过意图也可以进一步预测运动信息，如建立意图导向的动态模型，利用贝叶斯理论推断运动的生成过程。利用概率模型使机器人推理目标并加入基于目标的意图理解，来实现人机协作中机器人的学习部分。

7.3.2　人机交互安全性

由于人口老龄化不断要求日常任务的自动化，以及人力资源的缺乏或成本高昂等原因，使得机器人的应用领域正在从工厂扩展到有人环境（human-inhabited environments）。安全性和可靠性是将机器人成功引入有人环境的关键。为人类提供物理支持的机器人应能减少人类的疲劳和压力，提高人类在控制力量、速度和精度方面的能力，并提高其生活质量；另外，人类可以为任务的正确执行带来经验、全局知识和理解力。希望通过机器人增强或替代人类的应用领域包括家庭和办公室。此外，远程协助以及用于远程医疗的计算机和设备的使用为未来在家庭环境中使用机器人铺平了道路。同时，世界各地的研究人员正在研究与机器人引入人类环境相关的社会因素，其注意力通常集中在与机器人的认知交互上。

由于不可能在非结构化的人类环境中对每个动作进行建模，机器人的"感知与动作的智能连接"意味着存在自主行为。然而，当人类的活动范围与机器人的操作范围重叠时，可能会导致危险的发生。考虑到目前市场上可用的机器人的机械结构，很明显，物理交互过程的安全问题是至关重要的，因为人们在与机器人交互过程中的"自然"或意外行为可能会导致非常严重的伤害。

为了在日常生活中推广机器人的应用，使个人机器人能像个人电脑一样，必须首先解决其安全性和可靠性问题，因为当前的机器人仍然不够安全。然而，必须指出的是，科学界尚未很好地定义物理人机交互（physical Human-Robot Interaction，pHRI）的安全标准。此外，高效的通信系统对于拥有类似于"可穿戴"PC 的"可穿戴机器人"至关重要。pHRI 机器人的一个关键能力是产生助力，以克服人类的身体限制。此外，机器人还可以替代"智能环境"或远程监控所需的复杂基础设施。在这些情况下，单个机器人应可以同时作为传感器和执行器，能够在不同的房间中导航、感知环境并执行请求的任务，而不需要为环境配备许多传感器和设备。

1. 安全性框架

相比于计算机，人们对自主机器人的感知似乎有所不同：机器人的心智模型更具拟人性，即人们希望机器人拥有与人类类似的品质和能力。在物理交互过程中，如果使用类似人类的机械臂，则运动能力可以更容易理解。如果机器人看起来像一个生物，则其行为的心理模型可能接近人类或宠物的心理模型，也可能存在意想不到的社交互动。

安全问题通常被认为与机器人服务员更相关，而机器人同伴通常应具有更简单的机械设计，因为其工作重点是认知交互，而不是执行任务。此外，在美国国家科学基金会（National Science Foundation，NSF）/美国国防高级研究计划局（Defense Advanced Research Projects Agency，DARPA）的一个研究项目中，人们已经注意到，专注于用户和机器人组合的认知人机交互，与仅专注于使用计算机的人的简单人机交互不同。由于不同的人以不同的方式与同一个机器人进行交互，所以与机器人交互时，人可能扮演不同的角色，而机器人反过来根据它对世界的感知做出不同的反应。"机器人侧"存在可能降低交互质量的故障模式。人和机器人之间的有效通信可能取决于两者之间是否存在共同的理解领域。交互界面的设计对于让人类意识到机器人的能力，并为它提供一种自然的方式，使机器人随时处于受控状态至关重要。人机交互的安全性框架如图 7-6 所示。

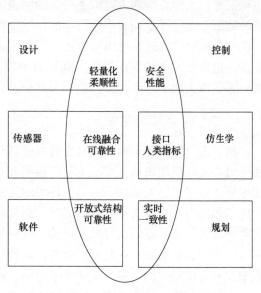

图 7-6　人机交互的安全性框架

在 pHRI 中，安全性主要关注机器人与其用户之间发生碰撞的风险：机器人可能传递过高的能量、功率，导致严重的人身伤害，损伤严重程度指数可用于评估 pHRI 中机器人的安全性。还应考虑机械臂与人的头部、颈部、胸部或手臂碰撞时可能发生的损坏。在其他非机器人领域，存在几种损伤严重性的标准指数，如汽车行业开发了将人体加速度与损伤严重程度相关联的经验或实验公式，而此类公式在机器人领域的适用性仍然是一个悬而未决的问题。

为了提高机器人的安全性，应考虑机械臂设计的各个方面，包括机械、电子和软件，如在机械设计中，消除锐边可以减少发生撕裂的可能性。降低瞬时冲击严重程度的主要解决方案是通过使用轻质但坚硬的材料，并辅以结构中的柔顺部件，以减少机械臂连杆的惯性和质量。通过用黏弹性材料对整个手臂进行软覆盖，或通过在机器人关节处采用柔顺传动，可以在接触点引入柔顺性。后者允许关节电动机的转子惯性在发生碰撞时与连杆动态解耦。通过不同的弹性驱动、传动安排，可增加机器人的机械柔顺性，同时降低其整体惯量。这些弹性驱动、传动安排包括将执行器重新定位到靠近机器人基座的位置，并通过钢缆和滑轮传输运动，谐波驱动和轻型连杆设计的组合，以及使用带有弹性联轴器的并行和分布式宏微驱动。通过使用外部和内部机器人传感、电子硬件和软件安全程序的组合，可以实现对碰撞的预测和反应及其他改进措施，这些程序可以智能地监测、监督和控制机械臂的操作。

事实上，在保持机器人性能（速度和精度）的同时要考虑安全问题，仍然是以人为中心的机器人设计者面临的一个开放挑战。从前面的讨论中可以清楚地看到，在这种情况下，仅将机器人的"大脑"视为智能机器的安全指标是不合适的。"被动"安全性很容易理解；如弹簧、橡胶覆盖物、人造皮肤能真正地减少对人的伤害。如果安全性和可靠性得到保证和理解，则"无处不在的机器人"的愿景就可能实现。

2. 安全 pHRI 中的力学和控制问题

机器人的主动或被动安全性的重要性不容低估。为了减少冲击载荷而简单添加被动顺应性覆盖物是不切实际的，并且由于大多数机械臂的有效惯性较大，这些方法无法从根本上解决高冲击载荷的问题。操作策略可以通过适当的控制律积极地保障安全，更复杂的软件架构也可以克服机械结构上的一些限制。实际上，控制方法不能完全补偿较差的机械设计，但它们与性能改进、降低对不确定性的敏感性和更好的可靠性有关。力、阻抗控制方案似乎在人机交互中至关重要。另外，可以使用一套更完整的外部感知设备来监控任务执行，并降低意外风险。然而，即使是最鲁棒的架构也会受到系统故障和人类不可预测行为的威胁，这意味着要提高机器人在有人环境中的被动和主动安全性。

通常，当前的工业机器人是位置控制的，然而，通过采用纯粹的运动控制策略来管理机器人与环境的交互是远远不够的。在这种情况下，只有在能够准确规划任务的情况下，才能成功执行交互任务。然而对于非结构化人类环境，很难获得对环境的如此详细的描述。因此，纯粹的运动控制可能会导致意外接触力的增加。另外，力、阻抗控制在 pHRI 中很重要，因为机械手的柔顺行为会导致更自然的物理交互，并降低意外碰撞时的损坏风险。同样，感知和控制接触力的能力与人-机器人之间的合作任务有关。交互控制策略可以分为两类，即间接力控制和直接力控制。这两类之间的主要区别在于前者通过运动控制环路，间接实现力控制；而后者由于力反馈环路的闭合，所以提供了将接触力控制到期望值的可能性。

间接力控制的典型是阻抗控制，其中位置误差可通过可调参数的机械阻抗与接触力来计算。阻抗控制下的机械臂由等效质量-弹簧-阻尼器系统描述，接触力作为输入（阻抗可能在不同的任务空间方向上变化，通常以非线性和耦合的方式变化）。机器人和人之间的交互导致这两个"系统"之间趋向于动态平衡，这种平衡受到人和机器人柔顺特征的影响。原则上，可以降低机器人的柔顺性，使其在 pHRI 中占主导地位，反之亦然。考虑到任务相关的安全问题，对任务的认知信息可用于动态设置机器人的阻抗参数。

然而，某些交互任务需要实现接触力的精确控制，理论上，通过调整主动柔顺控制动作和为机器人选择适当的参考位置，这是可能的。如果可以进行力测量（通常通过机器人腕部传感器），则可以设计直接力控制回路。注意，测量串联机械臂任何部位受到的接触力的可能方法是为机器人提供关节扭矩传感器。关节扭矩控制与高性能驱动和轻型复合结构的集成，如 DLR-Ⅲ轻型机器人，可以同时满足安全性和性能的要求。

在所有情况下，控制设计应避免在机器人系统中引入超过完成任务所需的能量。这一要求与直观考虑有关，即具有较大动能和势能的机器人在发生碰撞时对人类更危险。满足这一要求的一个优雅的数学概念是被动性。基于无源性的控制律除了保证在面对不确定性时的鲁棒性能外，还使得 pHRI 具有良好的安全特性。

如前所述，在自由空间中的机器人正常操作期间，柔顺传动可能会对性能产生负面影响，如增加振荡和稳定时间。然而，可以设计更先进的运动控制律，将机器人的关节弹性考虑在内。假设全机器人状态（电动机和连杆的位置和速度）是可测量的，则可以设计一种基于非线性模型的反馈，模拟已知的刚性机器人"计算扭矩"方法的结果，即施加解耦和精确线性化的闭环动力学。此外，在具有可变阻抗驱动的机器人中，原则上也可以同时解耦控制连杆运动与关节刚度，在性能和安全要求之间达成平衡。

7.4　机器人动态行为控制

阻抗控制在机器人-环境物理交互控制中得到了广泛的应用。阻抗参数描述了交互力与交互点处相对运动之间简单而紧凑的关系。阻抗控制能够调节交互作用点处的动态行为，但是阻抗控制模型只是动态行为控制的一种特殊情况。在实际应用中，动态行为模型有很多种，不仅仅局限于阻抗控制模型，一个典型的例子是机器人-环境多点交互控制问题。在多点交互中，每个接触点处的交互行为不仅与该点的状态有关，还与其他接触点的状态有关。显然，这无法用传统的阻抗模型来描述，需要用更为一般的动态行为模型来描述。从行为理论的角度出发，行为描述了单个智能体或智能体群体对内外部环境变化或刺激的反应。机器人通过行为来体现其类人智能，而基于行为的机器人（behavior based robotics）或行为机器人就是其中的一种实现方法。同人类一样，机器人的行为也分为许多不同类型，动态或运动行为是最重要的行为之一，尤其在机器人-环境物理交互中更为常见。一些文献研究了动态行为模型的定义、性质以及调节动态行为的方法和算法，以获得更好的机器人-环境之间的交互性能。Ang 等提出了基于阻抗控制的机器人动态行为控制方法，其中阻抗模型是对机器人动态行为的一种简洁、方便的描述。Jarrassé 等介绍了一种用于描述两个协作智能体之间交互行为的框架，该框架用于解释和分类先前关于人-机器人运动交互的工作，也能够对不同协作智能体之间的角色进行分配和切换。Prokop 等调整了机械臂的参考位置和控制系数，以调节机器人的动态响应行为。Khatib 等建立了仿人机器人全身动态行为模型，提出了一个将任务与姿态目标之间进行解耦并对动力学特性进行补偿的全机身控制框架。De Luca 和 Flacco 等基于行为层次结构，提出了实现人-机器人安全交互的集成化控制框架，其中包括安全行为、共存行为和协作行为。Khoramshahi 等基于协作层次结构，提出了实现人机协作的集成化控制框架，其中包括决策层、运动规划层和协作控制层。Schiavi 等讨论了在机械臂实时控制方案中集成机器人主动和被动的安全控制方法。

刘星等提出的动态行为控制框架主要包括任务模型部分、动态行为控制部分、机器人模型部分和环境模型部分，如图 7-7 所示。任务模型部分通过人工指令或管理系统向机器人智能体分配任务。具体的任务规划包括角色分配模块、运动规划模块、控制性能模块和期望交互模块，用来指定任务的初始角色值、参考运动轨迹、代价函数、期望的交互任务和接触位置等。动态行为控制部分从任务模型部分接收任务信息，从机器人模型和环境模型部分接收系统状态信息。在接收到上述信息之后，动态行为控制部分识别接触或非接触交互状态，包括接触位置和接触力。通过动态行为控制部分的计算，将生成新的虚拟参考运动轨迹并发送到机器人模型部分。该部分将实现位置控制回路，然后更新机器人状态并反馈给动态行为控制部分。此外，对于协作机器人，机器人模型和环境模型部分彼此作用，产生广义交互力并改变环境状态，这些广义交互力以及环境状态将反馈到动态行为控制部分以进行动态行为的学习、自适应。协作机器人动态行为控制方法相比较阻抗控制方法而言，具有更多的可能性和更广泛的适用性，在不同的应用场景中可以设计不同的动态行为控制策略，这也是未来重要的研究趋势。协作机器人形式多种多样，应用场景广泛，如家庭服务机器人、康复机器人、手术机器人、太空机器人、深海机器人、越野机器人等。针对不同的机器人样式，如机械臂、移动机器人、空中机器人等，以及不同的受力情况，如多点受力或全身受力等情况，可以制定不同的机器人动态行为控制策略，保证机器人-环境交互过程的稳定或优化控制效果。

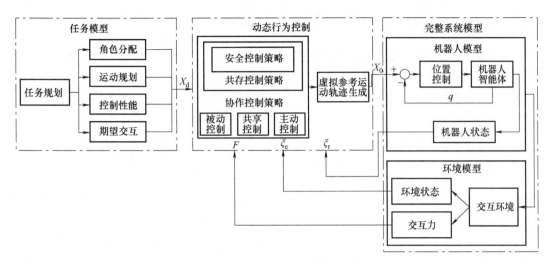

图 7-7　协作机器人动态行为控制框架

7.5　主动人-机器人协作

最近，由于充分利用了人的灵活性和机器人的精度优势，人机协作（HRC）已成为制造业小批量、个性化生产的一个有前途的范例。为了实现更好的协作，机器人应该能够实时、全面地感知和分析工作场景的信息，从而主动计划并采取相应的行动。尽管人机协作的现有工作对人类认知给予了大量关注，但缺乏对工作场景中其他关键要素的全面考虑，尤其是在向主动人机协作方向迈进的时候。为了填补这一空白，本节将对人机协作场景中整体场景理解进行系统介绍，主要考虑了主动对象、人员和环境的感知以及主动视觉推理，以收集视觉信息并将其编译为语义知识，用于后续机器人的决策和主动协作。

在个性化制造时代，人机协作利用了人类和机器人双方各自的优势，这对于高水平的灵活高效制造至关重要。随着如深度学习和计算机视觉等技术的发展，这一概念在许多方面得到了发展，为研究人员提供了更多的可能性和想象力。早期的人机协作系统更多地考虑了通过非语言人类命令的反应式机器人辅助，而最近出现的共生人机协作将范围扩展到多模态通信，如语音、手势等，并将上下文感知引入其中，主要关注人类手势和活动的识别。为了在真实工业环境中实现复杂任务的真正协同工作，具有认知智能的主动式人机协作成为可预见的制造模式。

主动人机协作系统旨在实现人机协作过程中操作人员和机器人之间的自组织、双向协作。在这种协作中，人和机器人可以在每一次执行任务的过程中主动为共同目标而工作。

在这种背景下，上下文感知是从触觉交互到更高程度的自适应机器人行为和直观的人机合作，也是在操作人员和机器人智能体之间获得双向认知共情的前提。通过传感器系统估计物理交互的参数和工作环境的几何解释，将人机协作中的上下文感知扩展到对双方智能体的能力和条件的全面理解，以及对工作空间内其他关键要素的认知。人类的个人能力和机器人的工作条件之间的整体理解，使得机器人能够在满足实际需求（如人的安全、资源的可用性和所需的操作时间）情况下，在动态双向协助下主动协作执行任务。

7.5.1 主动场景理解

为了实现人类和机器人之间的主动协作，需要全面了解人机协作场景，这意味着应不断提取整个环境的信息，并将其转化为后续决策和主动规划的知识。因此，主要考虑三个层次的视觉理解：①对象层次；②人类层次；③环境层次。在此基础上进一步考虑视觉推理，以整合认知、提取知识。

环境智能感知的目的是获取人机协作场景中物体的属性信息，如位置、状态等。以机器人抓取杯子为例，在传感器采集的场景数据中，很大一部分与当前任务是不相关的，如背景墙壁以及墙壁上的装饰品。另外，一些数据如水杯位置、水杯的形状以及是否有其他物体限制机器人抓取等因素会直接影响任务成功与否。因此，针对某个具体任务，机器人进行完备的场景理解时，需滤除与任务无关的数据、分割与任务相关的对象、判断对任务有限制的物体等。

众所周知，由于大脑的容量有限，人类会有选择地将视觉注意力集中到场景空间中的一部分，来选择与正在进行的行为最相关的视觉场景，同时消除不相关背景视觉数据产生的干扰，从而提升视觉感知效果，这称为视觉注意力选择性机制。这个机制会影响人类眼球的运动方式、对场景理解的方式和速度及做出的决策。

对于滤除无关数据、提取关键信息的问题，首先利用选择性注意机制进行场景显著性建模，可以有效检测场景中最吸引人注意的物体，然后经过语义分割，可以精确地提取场景中目标物体的类别、形状以及位置信息。在识别出物体的基础上，推理出物体的语义关系，进而判断机器人执行任务时是否有障碍物需要处理。因此，场景的显著性建模、语义分割和物体语义关系推理是机器人场景理解中的关键技术。

7.5.2 主动对象感知

对象，包括工件、工具等，普遍存在于人机协作场景中，如在人机协作组装过程中，机器人应了解正在进行的组装区域的位置、哪些零件仍然缺失以及应使用哪些工具，以便能够主动做出后续协作行动的决定。本节主要关注基于计算机视觉的物体感知方法。

以下关于人机协作中基于视觉的物体感知的讨论分为四个关键方面：识别、功能可用性、定位和姿态估计。需要注意的是，尽管许多定位方法也具有识别能力，但它们的重点和贡献主要集中在定位方面。

1. 对象识别

人机协作场景中物体感知的最基本任务是识别物体是什么以及它具有什么属性，以便机器人能够自动推断与目标物体相关的预期动作。具体而言，目标识别的任务主要有以下两个方面：

1）简单地将物体分类为不同的类别，如扳手、螺钉、齿轮等。

2）根据利用率或属性（如抓握位置、工具功能等）精心识别物体的功能可用性。

在人机协作期间，对象识别非常有用，因为它允许机器人自主地了解哪个对象用于什么目的，并主动地执行协作辅助，而无须明确编程或命令。

其中，分类是计算机视觉和机器学习中最基本、最经典的问题，这是一个被广泛接受的事实。物体分类在人机协作制造中的应用也更受关注。Ferreira 等报道了一种基于激光扫描的柔性机器人细胞喷涂解决方案，该解决方案基于激光扫描和 K 近邻（KNN）方法对操作目标进行分类。在另一项工作中，他们还采用激光测距仪作为主要传感器，利用它沿着预定义的路径扫描工作空间以生成工作区域的灰度图像，并进一步利用特征的不变矩以及 KNN、神经网络（NN）和支持向量机（SVM）对不同对象进行分类。尽管由于激光传感器的使用，这些方法可以达到非常高的精度，但激光扫描的耗时性在很大程度上限制了应用场景，并且具有手动特征的 KNN 分类器在面临工作环境波动时可能很脆弱。

2. 功能可用性

简单的分类方法能够对目标对象进行分类，对于一般的机器人应用来说足够了，但对于主动人机协作场景，应该以更微妙的方式进行识别。功能可用性的概念最初是在感知心理学领域提出的，后来被引入机器人领域，以表示物体的交互特性，如抓握点在哪里以及可以对物体执行什么动作。D'Avella 等研究了通过 Canny 边缘检测器和 Hough 线变换识别杂乱环境中物体的拾取点的问题。Nguyen 等报告了一项在机器人拾取和放置任务中识别物体拾取角度的工作，在此过程中采用了 MobileNet v2 等卷积神经网络（Cogvolutional Neural Network，CNN）模型。

3. 对象定位

物体感知的另一个重要步骤是对象定位，意思是在人机协作环境中定位感兴趣的物体，并提取它们在图像平面中的位置或坐标。如果相机被校准，则可以进一步转换为世界坐标。现有的利用基于计算机视觉的方法来解决对象定位问题的工作根据定位对象位置的格式分为三类：①检测，它用对象周围的边界框表示对象位置；②分割，基于对象的几何信息定位对象并输出像素级分割结果；③其他，主要依赖于先验知识或几何信息来定位对象。

（1）检测

最近，CNN 方法已经成为物体检测和许多其他计算机视觉任务中最先进的方法，因为它能够自主学习比手动设计的特征表示更强的表示效果。单级 CNN 检测模型包括 You Only Look Once（YOLO）系列和 Single Shot Detector（SSD）系列，因其简单和高效的优点而在工件检测中占主导地位。两阶段模型，特别是 R-CNN 系列，可以在时间约束较宽松的应用中获得更好的性能，如初级操作员培训，或在精度要求较高的应用中，如从严重杂乱的背景中检测工业组件。

（2）分割

如果目标对象很容易与背景分离，那么简单的图像处理技术（如背景相减）就足以定位和分割对象。Hoffmann 等人利用 3D 深度信息和基于水平集的轮廓分割方法来提取机械臂所持工具的轮廓，并为机器人定位工具尖端，以进一步执行一些细微动作，如操作手钻或使用铅笔绘图。Aliev 等探索了在人类操作员的指令下，通过背景减法对 AGV（自动导向车）输送的工件进行分割。Jirak 等提出了通过考虑人类的指向方向来解决人机交互过程中的对象模糊性，并利用基于颜色的图像分割来分割期望的对象。

其他一些工作利用了关于目标对象形状的先验信息。Dinham 等采用 Sobel 边缘检测器和 Hough 线变换基于焊缝最可能呈直线形状的知识来分割焊缝。而 Lee 等也基于 Canny 边缘检测器和形状信息在电机装配过程中检测正在加工的零件，并进一步通过增强现实（AR）技术将进度信息传输给工人，以实现人机协作。

（3）其他

其他主要依靠先验知识或几何信息来定位对象的工作不属于上述两类，因此被归类为其他。在机器人产品包装和协作机器人焊接等一些应用中，场景能够提供目标对象的精确形状或模型，在这种情况下，将图像特征描述符与对象模型相结合，以找到图像中最匹配的目标位置。

对于不需要精确位置但需要粗略知道物体位置以避免碰撞的情况，飞行时间（Time of Flight，TOF）相机和激光雷达 LiDAR 等深度传感器以及基于距离的规则被证明是足够的，而不会被复杂的视觉算法和计算成本所淹没。但这些方法的应用相对有限，因为必须针对特定场景重新定义手动规则和算法过程。

4. 物体姿态估计

物体感知的第三步是物体姿态估计，即 6 自由度姿态估计。通过定位和识别，分别提取目标物体的位置和特征信息，机器人已经具备感知孤立物体的能力。然而，在人机协作环境中，频繁的人机交互对物体感知的精度提出了更高的要求，尤其是当目标物体接近人体时。

物体姿态估计是自主机器人操作的一块缺失的拼图，因为它可以以 3D 物体模型和感官观察之间映射的形式提供精确的物体姿态。根据主要输入或特征源的不同将它进一步分为以下两类：

（1）2D 特征

尽管 6 自由度姿态估计任务具有 3D 性质，但 2D RGB 相机作为最可用、最适用和最经济的传感器，鼓励了许多学者尝试仅使用 2D 图像作为输入源来进行 6 自由度姿态估计的研究。

（2）点云

尽管只使用 2D RGB 相机有好处，但深度信息在精确的 6D 姿态估计过程中仍然很重要。利用深度信息的常用方法是将深度或 RGB-D 图像转换为点云。

7.5.3　主动人员识别

人类作为人机协作中最重要的参与者，已经被许多研究工作视为主要的研究对象，因为在人员安全和协作效率方面，机器人在人机协作工作场景中识别人类的智能水平不会太高。具体来说，本节将介绍人类识别的三个方面：人体位置、人类活动和人体姿势。

1. 人体位置

为了实现有效的人机协作，首先应定位人体在人机协作场景中的位置，以便机器人能够在不与人体碰撞的情况下主动规划其协作动作。人机协作中关于人体位置识别的工作主要集中在两个方面：人体检测和人脸检测。人体检测希望让机器人识别人体位置，而人脸检测则希望实现的不仅仅是定位，而是进一步验证人类身份。

（1）人体检测

安全性是人机协作系统设计过程中应考虑的最重要因素。防撞作为基本的安全要求，在人机协作场景中可以通过各种方法检测人体来实现。Shariatee 等提出了一种用于协作装配工作站的安全协作方法，该方法利用图像处理技术（如边缘检测和形状滤波），从 RGB-D 图像中分割人类和机器人位置，并进一步测量它们之间的距离，以计算危险指数。Tashtoush 等通过俯视 Kinect 相机监控人机协作工作空间，遵循了类似的路径，但不同的是，这项工作利用了专门设计的背景-前景算法来检测人体。这些定位方法的主要缺点是它们几乎无法区分人体和其他类似大小的障碍物，因此只能应用于受控环境。

（2）人脸检测

由于人脸是人体最易识别的区域，因此，人机协作中的一些工作利用人脸检测来检索人体位置信息，并获得识别操作员的机会。

2. 人类活动

现有的大量工作都致力于人类活动识别，这在人类行为识别中起着关键作用。因为人类行为可能表现出某种模糊性，所以机器人很难做出响应或主动的行动。为了解决这个问题，一些研究人员将主要精力放在了人类活动识别部分，该部分主要研究对正在进行的人类活动的识别；而另一些研究人员则更多地关注人类活动预测方面，主要考虑未来的行动意图。

（1）人类活动识别

人类活动识别的任务在人机协作领域引起了许多关注。具体来说，机器人应该通过摄像机或其他传感器了解一个人过去和现在的状态，从而了解人类从事的活动。

（2）人类活动预测

人类活动识别可以满足反应式人机协作应用，但主动式人机协作对及时响应提出了更大的挑战，未来的活动或运动预测应该能够提供一种可行的方法。一些研究人员倾向于预测操作人员的预期行为。Liu 等通过由卷积层和 LSTM 层组成的运动识别和预测网络，重点关注桌面拆卸过程中的意图预测，该网络可以预测操作人员的预期动作的标签。Alati 等试图使机器人助手能够通过人类意图预测方法推断人机协同仓储维护任务中的人类需求，该方法还利用了 3D 卷积和 LSTM。Bibi 等探索了将转换光流组件（TOFC）集成到 CNN 架构中，以预测正在进行的人类交互，而 Zhang 等尝试利用可变长度马尔可夫模型（VMM）和 CNN 模型预测人机协作电动机组装期间的人类动作意图。这些意图预测工作的局限性在于，它们只能提供未来的行动标签，这不足以让机器人实现自主避免碰撞和更精细的机器人规划。

3. 人体姿势

人类活动识别主要对人类在短时间内从事的活动进行识别，而人体姿势识别倾向于在更精细的粒度上探索人体的具体姿势。人体姿势识别在人机协作场景中的应用，主要分为两类，即全身姿势识别和手势识别。尽管双手是人体的一部分，但在大多数现有的研究工作中，双手的作用与全身不同，因为它们是人机协作过程中最活跃的身体部分。因此，本节分开讨论两者的姿势识别。

（1）全身姿势识别

全身姿势通常被表述为从传感器数据推断出的骨骼或关节图，以支持人机协作中的细粒度机器人规划。Kinect 相机通常用于捕捉人体全身姿势并生成骨骼图。Kinect SDK 提供的视觉算法支持人机协作拆卸或远程操作应用程序中的一些工作。CNN 模型也被广泛用于静态全身姿态估计。Liu 等利用姿态网络（PoseNet）估计身体关节位置，以实现无碰撞人机协作组装。Van 等关注人机协作中的人体工程学适应问题，同时利用开放姿态网络（OpenPose）作为全身姿势估计器，并基于关节角度的规则进行进一步的人体工程学分析；另一项工作选择了压力传感器，通过融合基于 Dempster-Shafer（D-S）证据的 CNN、KNN 和 SVM 分类器，识别人机协作制造工作区域中工人的站立姿势。在人机协作领域的工作主要考虑以稀疏关节或骨骼图的形式进行 2D 人体全身姿势建模，而通过更完整的人体 3D 密集建模，可以显著增强机器人的类人意识。

（2）手势识别

手势识别是人机交互和人机协作中的一个热门话题，因为手势控制具有直观、有效和表达能力强的特点。

早期的研究倾向于使用手工制作的、基于特征的解决方案来识别手势，如依赖于定向梯度直方图（HOG）作为特征描述符，以便于后续的手势分类或跟踪，以用于进一步的人-机器人遥操作或基于手势的机器人控制。Chen 等利用 Hu 矩特征描述符和随机森林分类器来区分手势，作为远程机器人控制的解决方案。Hendrix 等提出了一种识别手势的解决方案，并结合连接关节形状特征和 SVM 分类器验证了机器人制造助手在受限场景中的控制。有研究采用了 HMM 来实现手术辅助机器人的器械递送应用，或者使用人工神经网络来识别机器人手部模仿的手势。与基于视觉的工作原理不同，还可以使用肌电图（Electromyograph，EMG）和脑电图（Electroencephalogram，EEG）进行手势识别和机器人控制。手工制作的、基于特征的方法通常具有较差的鲁棒性，因此最近的工作倾向于转向深度学习解决方案。

7.5.4 主动环境分析

通过获得对象和人类信息，机器人已经可以在一些相对简单的任务中执行协作动作，如在固定工作区域中递送工具或工件。然而，为了处理更复杂的任务，如导航到看不见的地方以获取人机协作组装过程中所需的特定工具，机器人应具备更全面的感知和建模整个工作环境的技能。本节基于所使用的映射表示，将与环境解析相关的现有工作归纳为如下三类：

1. 场景图

场景图可能是最抽象的一种，它将环境的感知结果转换为拓扑图结构。Blumenthal 等提出了一种称为机器人场景图（RSG）的方法，该方法利用有向非循环图（DAG）来表示和管理一般机器人应用中的 3D 几何实体。Moon 等利用图卷积网络（GCN）从 3D 语义图中提取局部特征，并利用 LSTM 生成场景描述，从环境图像中生成自然语言描述，用于进一步的人-机器人通信。Hata 等报道了仓库导航案例中安全人机协作场景图的一种更具体的应用，其中使用 Mask R-CNN 从图像中分割场景对象，随后将提取的对象信息编码为场景图。而 Riaz 等考虑了一种类似的仓库场景，用于人机协作安全分析，利用所提出的多级场景描述神经网络（MSDN）生成场景图和区域字幕。场景图是环境的一种紧凑而高效的表示，在机器人应用中被广泛采用，但基于图的结构也削弱了捕捉对象之间几何关系的能力。

2. 2D 地图

为了能够表示场景元素的详细几何关系，2D 地图是遵循人类实践经验的自然选择，通常采用俯视图的形式。廖等基于广义 Voronoi 图数据表示，使用占用网格映射从激光测距数据中生成局部地图，用于机器人导航，并引入置信树来融合不同粒度层的分类结果，以获得最终的位置分类结果。Hiller 等探索了自主机器人的居住环境建模，利用现有的占用网格作为 CNN 分类器的输入，用于门定位和门分割。在 Hu 等的一项针对机器人导航的研究中，利用同时定位和映射（SLAM）技术生成的语义图来表示环境的全局地图，使用 Mask RCNN 来检测场景对象，LSTM 用于解析人类指令，并基于地图和场景元素为人机协作过程提供约束。Dias 等利用占用网格来表示机器人的位置，并作为交互界面，通过该交互界面，应用 3D CNN 模型从人类演示中学习机器人控制序列。2D 地图技术适用于相对简单环境中的平面导航，但因缺乏高度信息而阻碍了它在更复杂的场景中的应用，如飞机客舱。

3. 3D 表示

在一些人机协作应用中，需要精细的 3D 信息来以更精细的尺度表示环境，以便机器人可以执行更复杂的操作，而不会与场景对象发生碰撞。一些工作直接利用通过 RGB-D 相机生成的点云来表示环境，而其他工作则采用了体素图的表示，这可以被视为原始点云的量化 3D 网格映射。Abou Moughlbay 等提出了一种用于人机协作生产环境的监控系统，该系统由四台 Kinect RGB-D 摄像机组成，用于生成工作空间的点云，然后在过滤和修剪后将点云向下采样到体素网格。Friedrich 等使用体素图来表示自主机器人空间探索任务中识别的场景对象，在此过程中，通过 CAD 模型构建初始模型，随后通过视觉数据进行更新。可以使用一种类似的技术八叉树结构图（OctMap）来表示人机协作工作空间的 3D 占用状态，以便机器人能够主动避免与操作人员和其他物体发生碰撞。Liu 等致力于人机协作制造任务的无碰撞机器人规划，其中 OctMap 被用于工作空间监控，而 MDP 和 RL 技术用于避免碰撞。Slovak 等旨在通过使用点云和实时定位系统（Real Time Location System，RTLS）技术重建 3D 环境来实现安全的人机协作共享工作空间。Choi 等提出了人机协作系统的一种安全测量方法，利用物理环境的 3D 点云表示，并与数字孪生模型实时同步，以便在虚拟空间中进行进一步的距离测量。3D 表示包含最丰富的环境信息，可以支持更细粒度的人机协作动作规划和执行，但通常需要更多的存储和计算资源，并且可能会花费更多的时间来大规模的搜索机器人动作空间，这使得它不太灵活，无法适应不同的工业场景。

7.5.5　主动视觉推理

对于对象、人和环境的感知可以提供对人机协作工作场景的整体理解。为了弥补场景理解和主动决策之间的差距，机器人在与操作人员协作时需要一种推理机制。本节主要关注视觉推理，指通过对人机协作场景的视觉观察，对视觉线索的潜在含义或未来机器人动作的指示进行推理。除了纯视觉解决方案之外，一些工作还引入了语言信息，以补偿单一视觉线索引起的歧义。

1. 视觉提示

基于视觉线索的推理是协作机器人更高层次认知智能的基本要求，在此之前的工作中已经进行了一些初步探索。Rahman 等报告了一种人机协作方案，该方案可以根据观察结果的置信度和成本以及基于贝叶斯决策方法，自动推理出装配零件检测的传感模式。Murata 等提出了一种人机协作组装方法，该方法依赖于卷积变分自编码（Convolutional Variational AutoEncoder，ConvVAE）和 LSTM 模型，根据目标图像和视觉观察进行推理，以确定应将哪个零件交付给操作人员进行组装操作。

一些工作试图在视觉推理过程中加入更多的人类指导。Venkatesh 等试图通过在物体图像中添加人类指向线索来教机器人定位新物体，并利用暹罗网络和空间注意力机制来完成定位任务。Sun 等提出了一种双输入 CNN 模型，该模型同时将装配零件图像和工作空间上下文图像作为输入，以通过人类演示促进机器人学习。

视觉信息可能具有一定程度的模糊性，如当一个人在组装过程中向机器人合作者伸出手来索要东西时，从视觉观察来看，想要的对象可能是工件或工具。因此，在视觉推理任务中包含自然语言信息并不罕见。

2. 视觉和语言提示

引入人类语言作为额外的推理线索是很自然的，因为它更准确、更紧凑。早期的尝试主要依靠数学模型或基于知识的模型来实现以视觉和语言线索作为补充信息的推理过程。

Roncancio 等将对象定位、人类活动识别和语音识别集成到服务机器人的基于案例的推理系统中，该系统主要通过情景记忆机制对先验知识进行建模。

Hayes 等旨在利用马尔可夫决策过程（MDP）作为机器人的策略模型，以基于视觉观察和人类查询生成行动策略，并进一步生成人类语言的策略解释，从而提高其可解释性。最近的研究表明，人们倾向于将更多的精力投入到数据驱动的深度学习模型中，以实现端到端的视觉推理。Ahn 等研究了人工引导的拾取任务，并提出了一个从文本到拾取（Text2Pickup）网络，该网络由 Hourglass 网络和 RNN 组成，以基于人类语言命令和工作空间图像观察来定位机器人要拾取的对象，并另外为人类生成交互式问题，以澄清初始命令是否模糊。Venkatesh 等遵循了一项类似的任务，该任务要求机器人从语言和图像输入中推理选择对象的坐标，但采用了一种不同的方法，该方法利用双向长短期记忆（Bi-LSTM）和多头注意力来提取语言特征，随后将它与图像特征相结合，输入到 U 型卷积神经网络（U-Net）模型以生成对象坐标。

7.5.6　挑战和未来发展方向

人类和机器人协同工作的概念描绘了未来制造业的美好愿景，但由于上述客观原因或技术限制，许多问题仍未解决。本节从整体场景理解的角度强调了一些挑战和未来发展方向，以阐明视觉认知在主动人机协作中的潜力。

1. 基于功能可用性的智能物体认知

为了实现更自然、流畅的协作和机器人辅助，机器人应具有更智能的认知技能，使机器人不仅能够理解对象的类别，还能够理解可能与后续智能体动作相关的对象的固有价值。除了预定义的生产场景，未来的人机协作系统可能还需要处理极其灵活的情况，而无须指定操作顺序。如在电动汽车电池拆卸任务中，人机协作团队可能被指派拆卸一种未知类型的电池，在这种情况下，机器人可能无法识别一些不熟悉的部件，但仍需要根据所识别的对象来计划拆卸动作序列。与对象启示性相关的最新进展可能为主动人机协作场景中更智能的对象认知提供参考，尤其是对于以前未知的新对象。

2. 协同操作对象的精确建模

尽管在机器人和工业应用中广泛采用了计算机视觉技术，如物体检测、物体分类，但在人机协作主题下缺乏关于精确物体建模的讨论。在现有的人机协作装配工作中，机器人仍然主要充当操作人员的助手，并将精细的装配工作留给操作人员，部分原因是人类伙伴引入的不确定性阻碍了机器人获取装配零件的精确几何姿态信息。在这种情况下，实时精确的 6 自由度（6-DoF）姿态估计技术显得特别有用。尽管已经有一些关于工业零件 6-DoF 姿态估计的讨论，但是存在一些局限性，如对对象 CAD 模型的依赖性、遮挡的弱点和计算效率低下等，严重阻碍了其在人机协作场景中的应用。6-DoF 姿态估计的当前研究依赖于物体 CAD 模型（网格、点云等）已知的假设。然而，在柔性生产线中，这种情况并不总是如此，因为人类-机器人团队可能需要处理形状不断变化的新工件。为了缓解对象模型的依赖性，计算机视觉领域最近的一项工作开始探索类别级别的 6-DoF 姿态估计，希望为相同类别的对象找到统一的潜在表示。

遮挡在人机协作制造过程中普遍存在，特别是当人类或机器人处理物体时。手工设置的基于特征的 6-DoF 姿态估计方法在严重遮挡情况下通常是脆弱的，而性能更强的 CNN 模型在遮挡情况下可以获得更好的结果，但仍然会受到影响。解决这一问题的一个可能方法是修复，修复指的是一种可以基于现有图像内容合成缺失图像内容的技术。基于生成对抗网络（Generative Adversarial Network，GAN）的图像和点云修复方法通过从大量数据中学习先验知识或潜在知识获得了巨大成功，可用于合成视觉观察的遮挡部分。

3. 更精细的人体感知

由于人类安全具有最高优先级，因此与人类感知相关的工作在人机协作的视觉理解中占了相当大的一部分。传统的图像处理、多传感器融合和深度学习模型已经在人机协作场景中进行了大量探索。尽管如此，由于现有方法只能通过可穿戴设备部分感知人体，或者只能通过视觉检测或骨骼识别获得粗略位置，而不是通过精细的 3D 几何建模，因此它在大规模应用方面还有很长的路要走。另一方面，计算机视觉界被应用于密集的人体姿势建模领域，包括密集的身体姿势和手势建模，因此可能被用于主动人机协作案例中实现更精细的人类感知。

4. 分层和混合工作空间建模

大多数研究人员遵循的常规原则是首先通过视觉算法识别环境，然后使用特定的映射技术表示场景元素。不同的场景表示（场景图、2D 地图、3D 表示）各有其特定的优势和劣势。然而，它们中的任何一个都不足以在未来的人机协作系统中进行全面的工作空间建模，如极其灵活的制造车间，其中的移动机器人需要能够执行精细的协作生产动作，这需要精细的场景表示，以及需要响应实时路线推荐的粗粒度中长导航任务。

在上述人机协作场景中，优先采用分层和混合环境表示。该表示应具有分层抽象层，具有动态交替和交互机制，以适应不同粒度的应用，可为未来的人机协作研究提供参考。

5. 视觉语言推理

执行复杂的类人推理的能力一直是人工智能和机器人的追求，这在人机协作制造中也是如此，以实现人类和机器人之间真正可靠和无缝的协作。在人机协作场景中已经进行了大量与视觉或基于视觉语言的推理相关的研究工作，利用了从数学模型到深度学习模型的各种技术，但这些工作中普遍存在的一些问题。

第一个问题：目前的研究主要将推理任务表述为从视觉或语言线索到特定决策或行动的朴素映射，而没有考虑知识库和视觉语言观察的结合。关于这个问题，一些利用知识图和深度学习模型的集成工作可以提供一些新的见解。

第二个问题：现有工作主要考虑固定机械臂而非移动机器人的推理案例，而移动机器人需要在时间跨度和物理距离较长的情况下进行推理，如在狭窄的装配场地（如飞机机舱）中，操作人员可以通过语言命令机器人从远处获取工件或工具，在这种情况下，机器人需要根据语言提示推理出目标对象和位置，并导航到该位置，同时主动避免碰撞，并基于视觉提示搜索目标对象。

6. 基于视觉场景理解的延迟问题

现有研究中较少关注的一个问题是基于视觉方法的延迟问题。RGB 相机、深度相机、激光雷达等视觉传感器是基于视觉的整体场景理解的基础。然而，视觉传感器在工业人机协作场景中的应用可能在很大程度上受到延迟问题的阻碍，这主要是由低采样率、大数据流、视觉算法的计算复杂性等造成的，但是，随着 5G 和 Wi-Fi 6 等传感器技术和通信基础设施的更新和发展，采样率和数据流的问题将逐渐被解决，而如何在不损害精度的情况下减少算法级别的计算延迟仍然是一个挑战。早期的深度学习模型压缩方法，如参数修剪和知识提取，提供了可行的解决方案，但严重依赖于单个应用的手动调整。计算机视觉界最近的一个趋势是利用神经架构搜索技术来搜索特定任务和硬件平台的有效模型结构，希望自动获得轻量级和低延迟模型。这可能是未来从算法角度解决延迟问题的一个有前途的研究方向。

第8章

机器人-环境交互技术

8.1 机器人-环境交互分类

根据机器人与环境之间交互的性质不同，其交互任务可分为两类：非接触任务和接触任务。非接触任务即自由空间中的无约束运动，如机器人携带摄像头进行巡检等。在非接触任务中，机器人对环境没有任何的影响，机器人自身的动力学对其性能有着至关重要的影响。在实践中，少数经常执行的简单机器人任务（如拾取和放置、喷涂、粘合或焊接）属于这一类。

相反地，许多复杂的高级机器人应用属于接触任务，如装配和加工，需要机械臂与其他物体进行力耦合，即为接触交互任务。原则上，可以将它分为两种基本的任务子类。第一类任务涵盖基本力任务，其本质要求为末端执行器与环境建立物理接触，并施加特定于过程的力。通常，这些任务需要同时控制末端执行器的位置和交互力。此类任务的典型示例是加工过程，如磨削、去毛刺、抛光、擦拭桌面等。在这些任务中，力是操作过程的固有部分，并对其实现起着决定性作用（如金属切削或塑性变形）。为了防止工具在操作过程中过载或损坏，必须根据某些明确的任务要求控制该接触力。

第二类任务的重点在于末端执行器运动，末端执行器运动必须靠近受约束曲面并通过顺应运动来实现任务。此类任务的典型代表是零件配合过程。在这些任务中控制机器人的问题本质上是精确定位的问题。然而，由于过程、传感和控制系统固有的缺陷，这些任务不可避免地伴随着与约束表面的接触，从而导致反作用力的出现。交互力的测量为错误检测和适当修正期望的机器人运动提供了有用的信息。顺应性可被视为衡量机械臂对相互作用力做出反应的能力。该术语是指通过接触力修正末端执行器运动的各种不同控制方法。

未来肯定会有更多的任务，其中与环境的交互是根本。最近，医疗机器人在外科中的应用（如脊柱手术、神经外科和显微外科手术、膝关节和髋关节置换术）也被视为基本接触任务。此外，自动化建筑、农业和食品行业也出现了越来越多的机器人-环境交互任务。

8.2　机器人-环境交互建模

本节简要考虑了用于分析接触运动控制概念的机器人约束运动的简化模型。为了形成描述闭链机械臂动力学的数学模型，可考虑一个开放式机器人结构，其末端执行器受到广义外力。刚性机械臂与环境交互的动力学模型由以下形式的向量微分方程描述：

$$M(q)\ddot{q}+C(q,\dot{q})\dot{q}+G(q)=\tau_a+J^{\mathrm{T}}(q)F \tag{8-1}$$

该动力学模型可以转换为其等效形式，更便于分析和综合应用于接触任务的机器人控制器。当刚性机械臂与环境交互时，在描述操作任务的空间而不是关节坐标空间（也称为配置空间）中描述其动力学会非常方便。相对于参考坐标系的末端执行器位置和方向可以用 6 维向量 x 来描述。使用机器人雅可比矩阵，可以将机器人动力学模型从关节坐标系转换为末端执行器坐标系，即

$$M_x(x)\ddot{x}+C_x(x,\dot{x})\dot{x}+G_x(x)=F+F_e \tag{8-2}$$

机械臂系统与其末端执行器的动态特性有关的描述、分析和控制称为操作空间表达形式。与关节空间的量类似，$M_x(x)$ 是操作空间惯性矩阵，$C_x(x,\dot{x})$ 是科里奥利力和离心力的矢量，$G_x(x)$ 是重力项的矢量，F 是操作空间中的输入控制力。动力学模型式（8-2）涵盖了一大类不同的机器人结构，如工业机器人、并联机器人、绳驱机器人等。

由于力的相互作用过程通常非常复杂，很难用精确的数学方法进行描述，因此不得不引入某些简化方法，部分地将问题理想化。在实践中，交互力 F_e 通常建模为机器人动力学的函数，即末端执行器的运动（位置、速度和加速度）和控制输入的函数，即

$$F_e=F_e(x,\dot{x},\ddot{x},\tau,d,d_e) \tag{8-3}$$

式中，d 和 d_e 分别表示机器人和环境模型参数集。

以下通用的工作环境模型主要用于描述机器人约束运动：刚性超曲面、动态环境和柔性环境。在环境不具有独立于机器人运动的位移（自由度）的情况下，机器人坐标系中环境动力学的数学模型可以用非线性微分方程描述，即

$$M_e(x)\ddot{x}+B_e(x,\dot{x})\dot{x}+K_e(x-x_e)=S^{\mathrm{T}}(x)F_e \tag{8-4}$$

式中，$M_e(x)$ 表示一个非奇异的 $n\times n$ 矩阵；$B_e(x,\dot{x})\dot{x}$ 表示非线性 n 维向量函数；$K_e(x-x_e)$ 表示线性 n 维向量函数；$S^{\mathrm{T}}(x)$ 表示一个秩为 n 的 $n\times n$ 矩阵。

假设对于接触情况，上述所有提及的矩阵和向量都是参数的连续函数。

实际上，一般的环境模型涉及几何（运动学）约束和动力学约束。这种动态环境的一个示例是当机器人转动曲柄或滑动抽屉时，其动力学与机器人运动相关，且不可忽略。出于控制的设计目的，通常使用机械臂和环境的线性化模型。已有研究证明了线性化模型在约束运动控制设计中的适用性，特别是在工业机器人系统中。忽略因接触期间相对较低的工作速度而产生的非线性科氏力效应和离心力效应，并假设重力效应得到理想补偿，可获得笛卡儿空间中 x_0 标称轨迹周围的线性化模型，即

$$M_x(x_0)\ddot{x}+C(x_0)\dot{x}=\tau(x_0)+F_e \tag{8-5}$$

在被动线性环境中，可以方便地采用接触点附近的力和运动之间的关系，线性环境中的表达形式为

$$-F_e=M_e\ddot{p}+B_e\dot{p}+K_ep \tag{8-6}$$

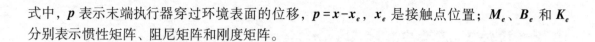

式中，p 表示末端执行器穿过环境表面的位移，$p=x-x_e$，x_e 是接触点位置；M_e、B_e 和 K_e 分别表示惯性矩阵、阻尼矩阵和刚度矩阵。

8.3 机器人-环境交互控制

通过对柔顺运动控制中遇到的问题进行广泛的研究，研究人员提出并阐述了几种控制策略和方案。这些方法可以根据柔顺的种类进行初步的系统化，可以区分柔顺运动的两组基本控制概念，具体如下：

1）被动柔顺控制方法：由于机械手结构、伺服或特殊柔顺装置中固有的柔顺性，末端执行器位置由接触力本身调节。

2）主动柔顺控制方法：柔顺性通过构建力反馈闭环来实现，以便通过控制交互力或通过在机器人末端生成特定于任务的顺应性来实现可编程机器人反应。

主动柔顺控制方法可以根据接触任务的不同进行分类，分为基本和潜在的两种。使用键合图形式的机器人在基本接触任务中的行为可以概括为引起环境对象的运动反应的力的来源。与第二种任务子类相关联的机器人行为对应于阻抗，因为这是机器人对环境施加的外力的运动反应的特征。

鉴于上述情况，主动柔顺控制方法可分为以下两组：

1）力控制，即通常的位置/力控制，其中所需的交互力和机器人位置都受到控制。在力控制中，命令期望的力轨迹，并测量力以实现反馈控制。

2）阻抗控制，使用作用力和末端执行器位置之间的不同关系来调整末端执行器对外力的机械阻抗。阻抗控制问题可以定义为设计控制器的要求，以便交互力根据目标阻抗定律控制末端执行器的标称位置和实际位置之间的差异。阻抗控制基本上基于位置控制，需要位置命令和位置测量以闭合反馈回路。此外，需要进行力测量以实现目标阻抗行为。

位置/力控制方法可以分为以下三种：

1）混合位置/力控制，其中位置和力以不冲突的方式分别在任务特定框架（顺应或约束框架）中定义的两个正交子空间中进行控制。在力控制的自由度中，接触力对于执行任务至关重要，而在位置控制自由度中，运动最为重要。沿受环境约束的方向上施加和控制力，而在末端执行器自由移动（无约束）的方向上控制位置。注意，混合控制的更一般意义上的定义为基于力和位置控制方向划分的任意控制器。

2）统一位置/力控制，与上述传统混合控制方案有本质区别。Vukobratovic 和 Ekalo 建立了一种动力学方法，在具有完全动力学响应的环境中同时控制位置和接触力。动态交互控制方法定义了对机器人位置和交互力进行稳定控制的两个子任务。这两个控制子任务都是利用机器人和环境的动力学模型，以确保跟踪期望运动和力。

3）并联位置/力控制，该方案基于位置和力控制器进行适当调整。力控制回路的设计目的是沿着受约束的任务方向控制位置，在该方向上会发生预期力交互。从这个角度来看，并联控制可被视为阻抗控制和力控制的组合。

考虑到力信息在正向控制路径中的不同包含方式，可分为以下两种不同的位置/力控制方案：

1）显式的或基于力的算法，其中力控制信号（即期望力和实际力之间的差值）用于生成机器人关节处驱动器的扭矩输入。

2）隐式的或基于位置的算法，其中力控制误差被转换为力控制方向上的适当的机器人运动调整，然后添加到位置控制回路。

与上述分类类似，阻抗控制方法也可以根据机器人机构被视为位置执行器或力执行器的方式进行划分。然而，如前所述，阻抗控制的目的是提供作用力和末端执行器位置之间的特定关系，而不是像力控制那样遵循期望的力轨迹。考虑到位置和力传感器以及控制回路（内部或外部）内的控制信号的布置，可以分为以下两种常见的方法来解决通过反馈控制提供任务特定阻抗的问题：

1）位置模式或外环控制，其中将施加在末端执行器上的力与其相对位置相关的目标阻抗控制模块添加到机械臂位置控制的附加控制回路中。这里，内环基于位置传感器，外环基于力传感器。

2）力模式或内环控制，其中测量位置并计算力指令以满足目标阻抗特性。

根据力-运动关系，即阻抗阶数，阻抗控制方案可以进一步分类为刚度控制、阻尼控制和一般阻抗控制，分别使用零阶、一阶和二阶阻抗模型。

对于主动柔顺运动控制概念的进一步详细分类，还有其他标准。如可以根据力信息的来源（有没有直接交互力传感）、力传感器的分配（手腕、关节处的扭矩传感器、力传感基座、放置在接触面上的力传感器、机器人连杆处的传感器、手指等）对方法进行分类。为了避免接触力测量和机器人关节驱动之间的不协调问题，因为这可能会导致控制系统的不稳定，还建议使用冗余力信息，将关节力传感与上述力传感方法相结合。

关于执行主动力控制的方式，可以分为以下两种：

1）操作空间控制技术，其中机器人的控制在指定机器人操作动作的同一框架中进行。该方法需要构建一个模型，描述在指定任务的末端执行器点（即操作点坐标系）处感知的系统动态行为。传统上，柔顺运动是使用任务或柔顺框架方法指定的。这种几何方法引入了笛卡儿柔顺框架，具有正交的力和位置（速度）控制方向。为了克服这种方法的局限性，提出的新方法称为柔顺运动的显式任务规范，该方法基于每个接触配置的约束拓扑模型，并利用投影几何度量来定义混合接触任务。

2）关节空间控制，其中控制目标和动作被映射到关节空间。与此控制方法相关的是动作特性、柔顺性和接触力从任务空间到关节空间的转换。

此外，考虑到控制问题，如执行任务期间控制参数（增益）的变化，可以分为以下三种情况：①假设机器人和环境参数变化较小，使用固定增益的非自适应主动柔顺控制算法；②自适应控制，可适应过程变化；③能够在指定范围内处理模型不精确性和参数不确定性的鲁棒控制方法。

根据所应用的控制律涉及系统动力学的程度，还可以分为以下两种方案：

1）非动力学，即基于运动学模型的算法，如混合控制、刚度控制等，它仅考虑接触问题的静态方面。

2）基于动力学模型的控制方案，如分解加速度控制、动态混合控制、约束机器人控制、与动态环境接触的动态位置/力控制，基于机器人和环境的完整动力学模型，考虑了位置控制和力控制方向的所有动力学交互。

尽管接触运动涉及相对较低的速度，但机器人与其环境之间的高动态交互（即能量交换）会显著影响控制系统，并可能危及控制系统的稳定性。因此，机器人动力学和环境动力学在柔顺运动控制中的作用至关重要。运动学算法大多基于雅可比矩阵计算，而动力学方法的复杂度要高得多。

Raibert 和 Craig 提出的混合控制方法在本质上提供了一种准静态的柔顺控制方法，该方法基于受约束运动任务的理想化简单几何模型（即约束框架形式），在混合控制中，忽略了机器人和环境的动力学（即动力学交互）。动力学混合控制和约束运动控制考虑了以定义超曲面的代数方程形式描述的机器人运动约束。这些方法同时考虑了机器人动力学模型和环境模型，以综合动力学控制律，确保机器人在约束下的柔顺运动，并实现所需的交互力。约束运动问题的进一步推广导致引入主动动力学接触力（动态环境），也可由微分方程描述。在动态环境中，相互作用力不会通过约束反应进行补偿，而是在环境中主动做功。显然，与动态环境的接触需要考虑整个系统动力学，包括机器人和交互模型，以获得允许的机器人运动和交互力。De Luca 和 Manes 提出了一种方便的模型结构，用于处理更一般的情况，即机器人末端执行器上的纯运动学约束与动力学交互共存。

8.4　机器人-环境交互控制发展趋势

机器人-环境物理交互具有交互环境复杂、接触情况复杂、交互性能要求高等特点。在环境参数方面，不仅包括动力学参数，还包括位置/轨迹参数。这些参数可以是已知的或未知的、恒定的或变化的。就接触情况而言，多点交互情况比单点交互情况更为常见，但是这方面的研究非常少。关于交互性能的需求，目前的研究主要着眼于获得稳定高效的交互效果，而这只是机器人-环境交互问题中相对较低的要求，更高的要求是实现最优的交互效果，或者是达到优化的交互效果。

通过分析国内外研究现状，不难发现机器人-环境交互控制技术还不能满足要求。在机器人-环境交互控制领域还有许多问题亟待解决，具体如下：

第一，对于机器人-环境交互问题，目前很多研究只考虑机器人的阻抗控制参数，并未考虑环境模型参数，这使得系统模型并不完整。当机器人与环境相互作用时，将机器人与环境作为一个整体来考虑是很自然的。

第二，对于机器人-环境交互问题，目前许多研究假设环境参数是已知的，这在实际应用中通常无法实现。随着机器人在复杂非结构化环境中的广泛应用，未知环境参数下的机器人-环境交互控制问题亟待进一步被研究。

第三，对于机器人-环境交互问题，目前许多研究都假设交互只发生在单个接触点上，且主要是发生在末端执行器处，这适用于许多应用场景，如传统工业机器人通常只是在末端执行器处与工件或环境交互。然而，对于机器人在复杂和非结构化环境中的应用，这一假设不再成立。对于新一代的协作机器人，它们不仅与工件进行交互，而且与人类或环境，如工人或工作空间中的一些障碍物进行交互。显然，很多情况下交互发生在多个接触点上。因此，机器人-环境多点交互问题非常常见，但目前关于这方面的研究很少。

第四，对于机器人-环境交互问题，通常采用阻抗控制方法。阻抗控制用来调节机器人的动态行为，即机械阻抗，以保证稳定高效的交互性能。阻抗通常被认为是质量、阻尼、刚度或三者的组合。这种阻抗模型是相对固定的，无法适应很多交互控制场合。换言之，阻抗控制只是动态行为控制的一种特殊情况，在很多复杂场合的应用中受到限制，如机器人-环境多点交互和多机器人系统在复杂环境中的协作等。为此，需要进一步研究更为一般的动态行为控制模型和框架来解决这类问题。

对于环境动力学模型和位置参数未知的机器人-环境交互问题，如何获得优化的交互性能是一个非常重要和复杂的问题。对于这类问题，强化学习方法提供了非常合适的工具。在强化学习方法中，系统与环境之间相互作用产生的强化信号是对当前行为的评价，然后根据强化信号更新控制策略以适应环境。在机器人-环境交互中，交互作用力是对当前机器人-环境交互行为的一个评价标准，基于这一指标可以对阻抗行为进行更新以获得优化的交互性能。这两种情况非常类似，因此可以使用强化学习方法来解决机器人与未知环境的交互控制问题。

第 9 章

协作机器人操作技能学习

人类拥有操作各种形状、大小和材料的工件的神奇能力，并且可以运用手部的高级、灵巧的操控能力灵活地控制物体在空间中的位置。第一台机器人可以追溯到 20 世纪 60 年代。在早期，机器人操作由仔细规定的运动序列组成，机器人执行这些动作时没有能力适应不断变化的环境。随着时间的推移，机器人逐渐获得了利用人工智能和自动推理方法生成运动序列的能力。以堆叠箱子为例，机器人将根据大小、重量等堆叠箱子，这超出了几何推理的范围。这项任务还要求机器人在运行时处理传感的错误和不确定性问题，因为堆叠箱子的位置和方向稍不精确就可能导致整个结构倾覆。基于控制理论的方法有助于使机器人适应接触时施加的力，从而适应环境的自然不确定性。接触时使交互力稳定变化的能力将使机器人的操作技能扩展到更复杂的任务，如在孔中插入销钉或锤击。然而，这些动作都没有真正表现出精细或手部操作能力，通常使用简单的双指手爪执行。为了实现多用途精细操作，机器人学者将设计重点放在能够使用工具的仿人机械手上。已经开发的各种先进的算法，有利于机械手稳定地握住物体。从 20 世纪 90 年代起，研究人员致力于在所有级别上提高对象操作的鲁棒性。通过优化传感器和硬件的设计，提升机械臂-物体接触过程的控制效果。未来的研究重点是处理对象遮挡和测量噪声的鲁棒感知，以及推断对象物理特性的自适应控制方法，以便处理特性未知或因操作而改变的对象。

机器人专家仍在努力开发能够在非结构化和动态环境中完成分拣和包装物体、切菜和折叠衣服等任务的机器人。虽然用于现代制造业的机器人在结构化环境中能够完成其中一些任务，但这些环境仍然需要在机器人和操作人员之间设置围栏以确保安全。协作机器人应该能够与人类并肩工作，在不造成危险的情况下为人类提供助力。在过去十年里，机器人的灵巧程度达到了新的水平。这一增强得益于机械方面的突破，包括用于感知机器人接触的传感器和用于提供自然柔顺性的新型机械结构。最值得注意的是，这一发展利用了机器学习的巨大进步来应对不确定性动力学模型，并支持自适应控制和鲁棒控制的进一步发展。在现实世界中，学习操作技能在时间和硬件上的成本都很高。为进一步阐述数据驱动方法，同时避免使用真实的物理系统生成案例数据，许多研究人员使用模拟环境。然而，抓取和灵巧操作需要现有模拟器尚无法提供的真实性水平，如在为柔性和可变形物体建模接触的情况下。因此，我们追求两条道路：第一条道路是从人类获得操作技能的方式中获得灵感，并促使机器人通过观察人类执行复杂操作来学习技能，使得机器人只需几次试验就能获得操作能力，然而，将所获得的知识推广到与之前演示的不同的操作仍然很困难；第二条道路是构建真实对象操作的数据库，目的是更好地在模拟器中生成尽可能真实的示例。然而，实现摩擦、材料变形和其他物理特性的真实模拟可能在短期内难以实现，对于学习操作高度可变形的物体来说，真实的实验评估将是不可避免的。

尽管经过多年的软件和硬件开发，利用机器人实现灵巧的操作仍然是一个开放的、有趣的问题，因为它需要更好地理解人类的抓取和操作技巧。制造机器人是为了完成自动化任务，同时也是为人类提供工具，使他们能够轻松执行重复和危险的任务的同时避免伤害。因此，实现人与机器人之间强大而灵活的协作是必须克服的重大挑战。为了实现这一目标，机器人必须成为能够理解人类意图并做出相应反应的、可信任的伙伴。此外，机器人必须更好地理解人类的交互方式，并具备实时适应能力。还需要设计开发安全的机器人，重点是软质和轻量化结构，以及基于多传感器反馈的控制和规划方法。

9.1　协作机器人操作分类

9.1.1　按照机器人-环境耦合程度分类

（1）瞬时耦合

瞬时耦合包括拾取和放置物体任务等。

（2）松耦合

松耦合包括按压按钮、轴孔装配或插入任务等。

（3）紧耦合

紧耦合包括开关门、转动阀门等铰链转动任务。

9.1.2　按照是否需要进行力控制分类

（1）无须进行力控制的机器人-环境交互

如机器人分拣、搬运、喷涂等操作，无须对机器人-环境之间的接触力进行控制。

（2）需要进行力控制的机器人-环境交互

如机器人轴孔装配、抛光打磨等操作，需要对机器人-环境之间的接触力进行控制。

9.1.3　按照被操作环境的动力学特性分类

（1）机器人与刚性环境交互

如在机器人抛光打磨刚性零件、擦拭玻璃等操作中，可以认为机器人接触环境是刚性的。在此过程中，机器人-环境交互可以通过几何约束模型进行建模。

（2）机器人与柔性环境交互

如在机器人按压按钮、开关门、旋转阀门等操作中，可以认为机器人接触环境是柔性的。在此过程中，机器人-环境交互可以通过动力学模型进行建模。

9.1.4 按照机器人-环境接触状态变化分类

（1）接触状态变化的交互

机器人-环境交互过程中，接触状态通常会发生变化，如无接触、非连续接触、连续接触等状态。

（2）接触状态不变的交互

机器人-环境交互过程中，在某段时间内，机器人-环境之间的接触状态不变。

9.1.5 按照环境是否可变分类

（1）恒常环境的交互过程

如在机器人开关门、搬运物体过程中，接触环境可以认为是基本恒定的。

（2）变化环境的交互过程

如在机器人抛光打磨、擦拭桌面过程中，由于被操作表面粗糙度不断变化，机器人的接触环境也在发生变化。

9.1.6 按照任务分类

将接触操作定义为需要显式或隐式控制交互力的任务。实际上，很少有任务需要严格控制交互力，这种任务的一个例子是用特定的转矩来拧紧螺钉。然而，即使像抛光等的许多任务也可以通过对力的隐式控制来完成，但使用显式力控制可能会提高操作任务的成功率。最后，还有一些任务可以在完全了解的情况下不受力的任何限制而执行，如经典的轴孔装配和类似的工件对准任务以及铰接运动。在此类任务中的任何不确定性都需要控制接触力以防止过度碰撞；此外，通过利用柔顺性，机器人可以执行很多精细操作任务，如间隙小于机器人精度的轴孔插入任务。在本节中，需要控制交互力的操作技能可以分为三类：环境成形、工件对准和铰接运动。

许多需要接触操作的任务也涉及工具。它们既可以刚性地连接到机械臂上，也可以被机器人抓取和使用。本节没有区分这些情况，只是注意到抓握工具总是会导致工具位置的不确定性，这增加了接触时的柔顺性需求。当然，如果已经正确测量了关于工具的足够信息，也有方法可缓解这种不确定性。

1. 环境成形

环境成形通常意味着均匀地从固定位置去除一薄层材料。这些类型的任务可以通过所需的准确性来区分，虽然表面擦拭（去除灰尘）基本上只是表面跟踪任务，但雕刻和木材刨削需要很高的精度，以至于它们不可能仅通过交互力的隐性控制来完成；区分这类技能的另一种方法是它们是否是周期性的，擦拭可以被视为一项周期性任务，这是所介绍的一些方法所利用的特性，而雕刻是在非常详细和固定的路径上进行的。

这一领域最简单的任务可能是擦拭，在该任务中，原始材料不受影响，因为擦拭主要指清洁材料表面。实际上，用于相似任务的另一个术语是抛光。

这些任务是在接触力的隐性或显性控制下完成的。隐式力控制通常就足够了，因为一个重要的目的是与物体表面保持接触。有趣的是，只有较少研究使用隐式力控制，而其他研究明确控制接触力（主要是使用导纳控制）。一种可能的原因是，在隐式力控制中，如果没有力反馈回路，就可能在没有注意到的情况下失去接触，但在力反馈到位的情况下，显式力控制的使用自然会出现。当考虑去除环境材料时，任务会变得更加复杂。使用工具去除外层材料以使表面更光滑包括多种不同情况。这些任务通常出现在工业和木工作业中，如刮削、刨木、去毛刺和打磨等，所有这些任务都采用了明确的接触力控制，可以认为是周期性的；非周期性的类似任务是雕刻。还有一些相关任务是研磨和绘图，其中材料从所持工具中移除，而不是从环境中移除。正如预期的那样，研磨更具周期性，需要更精确的力控制，而在绘图时需要保持接触更为重要，但没有周期性。此外，机器人使用钻头时需要仔细控制与环境间的接触力。

尽管上述示例是典型的人类操作任务，但在大型机器进行的类似运动中，可以从土方工程中找到，主要由挖掘机或轮式装载机进行。其主要区别是在大多数重型机器中使用液压系统，由于液压阀的复杂闭环运动学和相互作用，使得控制力更具挑战性；此外，被挖掘的材料通常具有很高的阻力差异（如沙子中的岩石）。由于前面提到的原因，即使没有力反馈，也可以进行挖掘。然而，也有工作对力进行估算，并使用带有液压操纵器的阻抗控制器。

2. 工件对准

工件对准主要是指工业装配中的任务，通常是经典轴孔装配问题的变体，然而，类似的任务经常出现在家里，如插拔插座或组装家具等。

轴孔装配的变化种类几乎是无限的，从间隙的差异开始（工业装配通常具有非常小的间隙），到多轴-多孔插入，其中一个插头有两个或三个孔，还有就是双臂轴孔插入。然而，在这种情况下，无论是人类还是机器人，大多数动作都是由一只手臂完成的。从 20 世纪 80 年代起，已经对轴孔装配中的力和误差进行了研究，也发现柔顺性是执行轴孔装配运动的一个重要特性，类似研究仍在进行。Schimmels 和 Peshkin 展示了如何将工件插入仅由接触力引导的夹具中。Yu 等将接触力引导形式转化为基于平面传感器的柔顺运动规划问题，即预成型规划问题；由于接触状态估计的准确性不断提高，这些方法也得到了快速发展，目前仍在不断改进。在最近的研究中，显式和隐式力控制都被使用；尽管显式力控制可能不是严格必要的，但它通常是有益的，特别是在精细操作任务中。

在某些指标上，人类仍然可以在轴孔装配任务中胜过机器人，如泛化、处理令人惊讶的情况和不确定性以及真正的小间隙装配，然而，仍有工作要克服这些问题，如用于泛化的元强化学习处理小于机器人精度的间隙。还有更困难的变体，如多轴多孔装配、联轴器对准和联锁、结构装配、带螺纹部件的轴孔装配或轴孔结合铰接运动，还包括折叠等任务，需要更精细的运动或超过某个阈值的力才能完成任务。此外，该领域中的大多数工作都假设零件是刚性的，但也有针对更具挑战性的弹性零件的工作。由于轴孔装配是工业和家庭中的一个标准问题，因此随着算法和硬件的发展，对该问题的研究仍在继续。长期以来，预先规划被认为对于接触柔顺运动是不可行的，但现在仍然可以规划接近最优的运动；类似地，有更好的模拟工具正在开发中，可以大大简化迁移学习。

最后，随着针对轴孔装配问题提出的方法越来越多，人们提出了新的基准点，以允许在轴孔装配方法之间进行比较实验。一种经典的装配机械系统，即所谓的克兰菲尔德基准，已于 1985 年被提出，其中包括不同类型的轴孔装配变体。然而，这一提议的基准主要是关于机械结构，最近有两项提议，要求使用更完整的基准来比较轴孔装配算法；Van Wyk 等提出了另一种轴孔装配机械系统以及成功概率和方差等度量标准，以衡量算法的成功，Kimble

等提出了小零件装配的类似度量标准。

3. 铰接运动

在铰接运动中，对象只能沿着预定义的路径移动，机器人需要与铰接对象交互，以便感知潜在的运动学结构。尽管带把手的门可以被视为两个自由度的组合机构，但大多数提供单臂操作的日常铰接对象可以被建模为一个自由度机构（门、抽屉、把手）。此外，许多打开任务，如拉开易拉罐和转动阀门等都是铰接运动。

这些任务通常使用一定程度的力控制，尽管直接力控制方案并非绝对必要。力驱动开门的大部分现代方法遵循 Niemeyer 和 Slotine 的开创性工作，其基础是：①沿着允许的运动方向实现期望的阻尼行为；②运动方向的估计。如可使用更丰富的期望阻抗来代替在导纳控制框架中实现的简单阻尼项。

或者，具有隐式实现的混合力/运动控制允许使用速度控制型机器人。虽然传统上只考虑线性运动，但在过去十年中，方向控制也在自适应和学习控制的背景下被研究。

打开门、抽屉时运动方向的估计是受约束运动估计的具体情况。目前已经采用了基于速度的（基于运动旋量的）估计，旨在减少由于测量噪声引起的抖动及处理末端执行器运动归一化的不确定性，如空间滤波、移动平均滤波器等。从控制的角度来看，解耦估计和控制被认为是间接自适应控制，而不是更鲁棒的直接自适应控制方法，特别是在估计动力学受到滞后影响的情况下。虽然可以使用本体感觉和力测量来估计单自由度机构的运动方向，但多自由度对象的跟踪需要更丰富的感知输入，包括视觉和概率方法，以处理模型中的噪声和不确定性。

9.2 协作机器人操作过程建模

由于人机协作任务的性质，协作机械臂一般具有连杆细长、结构刚度低等特点，导致其关节和连杆柔性特征明显。当执行接触操作任务时，机械臂末端执行器与目标物发生复杂的交互作用，关节和通过关节链式连接的连杆会受到较大影响，整体上具有较为复杂的刚柔耦合特性。尤其是其中的接触过程，难以完全使用刚体运动学和动力学进行仿真，需要引入弹（柔）性接触动力学。

仿真问题的核心在于如何求解描述物理过程的方程。这些物理过程的原始方程常为偏微分方程（Partial Differential Equation，PDE）组。对于 PDE，工程领域中更多地研究其数值解法，如有限元方法。一般情况下，使用有限元方法会引入连续介质假设，即材料连续地分布在物体所占用的空间中，并且可以被划分为属性相同的微元，在空间维度上进行离散化，将物理系统细分为更简单的部分再进行近似求解。有限元方法可消除 PDE 中的空间导数，使 PDE 局部近似为一组用于瞬态问题的常微分方程（Ordinary Differential Equation，ODE）。故使用有限元方法对接触过程进行物理仿真，本质上是求解一组 ODE。ODE 的一般数值解法为时间积分，即需要在时间上离散，利用数值积分计算时间上的状态更新。从计算形式上可分成显式和隐式；从计算误差阶数上可分为一阶方法、二阶方法及其他更高阶的方法；从时间步长上可分为固定步长和动态步长。对于实时化较强的仿真，多使用显式、阶数较低、固定步长的计算方法，以获得较高的计算效率。隐式方法多转换为优化问题计算，但无论是基于显式或隐式的方法，都需要在每个时间步的更新中保证几何约束，如接触时不发生交叉，同时保证物理约束，如动量平衡、能量守恒等。

因此若要进行快速、可控精度的接触操作仿真，就需要在保证动量守恒等物理约束的同时维持弹性、接触等几何约束，进行较快的、足够精度的时间积分。在现有的仿真实现中，常常需要反复调整参数来保证约束的同时获得较高的仿真速率。基于直接计算的显式或隐式方法，难以在计算中添加约束，而隐式方法转换得到的带约束优化问题，已经得到较好的研究。因此，基于优化的隐式求解方法，通过设计仿真算法，使用户仅需调整少量参数即可控制精度。

综上所述，面向较为复杂的协作机械臂作业任务，尤其是其中的接触操作过程，针对高效且无违反约束的实时仿真问题，建立机械臂的连杆和关节的动力学方程，从弹性体出发设计末端执行器的接触和摩擦过程的可控精度仿真算法，基于优化的隐式方法求解时间积分，完成快速可控精度的机械臂接触过程仿真研究，为目前的协作机械臂仿真和操作提供理论支撑，具有重要的实践借鉴意义。

9.2.1　基于弹性体的接触建模方法研究

基于弹性体假设对接触过程进行建模，先要解决接触物体建模的问题，再从接触力学出发研究接触模型。不同于柔性连杆的建模方法，对于较为复杂的接触界面，工程领域使用的方法为有限元法，主要讨论的是使用不同的空间离散化方案，如网格、粒子、物质点等。

求解接触问题的核心在于保持无交叉和无穿透几何约束的同时，维持物体间如动量平衡的物理约束。计算接触力学是力学中一个长期被研究的领域，许多学者从机械、控制和计算机图形学等不同角度进行深入研究。有的研究从非线性有限元分析出发，着重于问题的离散方程的公式化；还有的更注重于系统的数值解法，故目前的研究重点在于如何保持无交叉和无穿透的几何约束上。因此，接触建模可分为环境动力学建模方法和弹性接触仿真方法。

1. 环境动力学建模方法

使用操作数据，包括位置 x、速度 $\dot{x}$、加速度 $\ddot{x}$ 以及接触力 F，基于弹性动力学来估计环境动力学参数，即

$$M_e\ddot{x}+C_e\dot{x}+K_e x_{de}=F \tag{9-1}$$

式中，$x_{de}=x-x_e$ 表示机器人末端位置以及环境表面位置之间的距离。

利用式（9-1），可以计算环境动力学参数。这种方法的缺点是需要加速度数据。为了避免对加速度数据的要求，对式（9-1）的两边进行积分，可得

$$M_e\dot{x}+C_e x+K_e\int x_{de}\mathrm{d}\tau=\int F\mathrm{d}\tau \tag{9-2}$$

值得注意的是，F 和 x_{de} 的初始值均为零。对于环境参数估计，式（9-2）可以写成

$$\boldsymbol{\xi}^{\mathrm{T}}\boldsymbol{\theta}=y \tag{9-3}$$

式中，$y=\int F\mathrm{d}\tau$；$\boldsymbol{\xi}=\begin{pmatrix}\dot{x}&x&\int x_{de}\mathrm{d}\tau\end{pmatrix}^{\mathrm{T}}$；$\boldsymbol{\theta}=(M_e\quad C_e\quad K_e)^{\mathrm{T}}$。

由于环境动力学参数通常在操纵任务中发生变化，因此应在线估计环境动力学模型，以便于接触状态学习。因此，本节采用了常用的递归最小二乘法，即使用具有遗忘因子的递归最小二乘（RLS）算法用于在线环境参数估计。RLS 算法由于其较高的计算效率而被广泛应用于实时应用。为了识别时变环境动力学参数，在 RLS 算法中添加了遗忘因子，使得较新

的数据变得更加重要。

更一般地，对于长度为 L 的数据集 (X, Y)，使得

$$Y = X\theta + \varepsilon \tag{9-4}$$

$X^{\mathrm{T}} = (\xi_1 \xi_2 \cdots \xi_L)$，$Y^{\mathrm{T}} = (y_1 y_2 \cdots y_L)$，$\theta \in \mathbb{R}^{n \times m}$，$\xi_j \in \mathbb{R}^{n \times 1}$，$y_j \in \mathbb{R}^{m \times 1}$，$j = 1$，$2$，$\cdots$，$L$，$\varepsilon$ 表示测量噪声。给定时间 t 时的参数估计为

$$\hat{\theta}_t = (X_t^{\mathrm{T}} X_t)^{-1} X_t^{\mathrm{T}} Y_t \tag{9-5}$$

$Y_t^{\mathrm{T}} = (y_1 y_2 \cdots y_t)$，$X_t^{\mathrm{T}} = (\xi_1 \xi_2 \cdots \xi_t)$。然后，下一时刻 $t+1$ 的参数估计结果为

$$\hat{\theta}_{t+1} = \hat{\theta}_t + K_{t+1}(y_{t+1} - \xi_{t+1}^{\mathrm{T}} \hat{\theta}_t) \tag{9-6}$$

$$K_{t+1} = P_{t+1} \xi_{t+1} \tag{9-7}$$

$$P_{t+1} = \frac{P_t - P_t \xi_{t+1}(1 + \xi_{t+1}^{\mathrm{T}} P_t \xi_{t+1})^{-1} \xi_{t+1}^{\mathrm{T}} P_t}{\lambda} \tag{9-8}$$

式中，λ 表示遗忘因子。

2. 弹性接触仿真方法

（1）接触约束定义

基于可变形网格的有符号距离建立约束。这种方法基于可变形的面片，使用表面基元（如点-三角、边-边对）之间的有符号距离定义约束。该方法获得的距离函数往往是非线性的，随后研究的改进方法常常先建立一个有符号距离的非线性代理函数，如局部的基元对四面体的有符号体积，再将其线性化。这种方法在遍历网格时会带来不连续性，在一些边界情况，如旋转时，会出现假阳性，且仅在局部有效，物体在固定时间步长内发生较大位移时可能失效。

基于间隙距离建立约束。这种方法将成对几何微元之间的线性距离局部投影到固定几何法线上，以近似有符号距离。这是一种基于有符号距离定义约束的改进方法，可解决一些边界情况，但对于非光滑表面的碰撞，约束可能失效。

基于空气网格（Air Meshes）建立约束。此方法由 Muller 提出，将接触对象之间的"空气"进行离散化，只需保证网格内的几何微元体积非负就能保证接触时不交叉和无反转的约束。全局定义的网格能较好地保证约束，但在三维空间中效率很低。

（2）面向接触的数值积分算法

使用有限元法对接触过程进行物理仿真，本质上是求解 ODE。求解 ODE 的一般数值方法为时间积分，通常将时间离散为一系列的时间步长，在这些时间步长上计算进行仿真的微元或物体的内力（如弹力、接触力）和外力（如重力），并将它们随时间积分获取速度和位置更新以用于之后时间步的仿真。时间积分的数值方法从计算形式上可分成显式和隐式，从计算误差阶数上可分为一阶方法、二阶方法及其他更高阶的方法，从时间步长上可分为固定步长和动态步长。

目前绝大多数应用于工程领域的实时机械臂仿真都是基于显式的方法，即下一个时刻的速度和位置可被形如 $y_{k+1} = y_k + h f(t_k, y_k)$ 使用当前时刻的速度和位置显式表示。其中 h 为时间步长，k 为离散时间步，y_k 表示 k 时刻的位置或速度。基于隐式方法的位置与速度的更新计算是相互隐式定义的，形如 $y_{k+1} = y_k + h f(t_{k+1}, y_{k+1})$。

显式和隐式方法的区别在于下一个时刻的速度和位置能否被当前时刻的速度和位置显式表示。基于显式的方法只需不断递归地求解下一个时刻的速度和位置。基于隐式的方法通

常通过消除其中一个变量，然后求解一个线性或非线性方程组获得另一个变量，最后通过求解得到的变量来计算消除的变量。在工程实践中，为了保证隐式方法的稳定模拟，减少出现数值问题，常将求解方程组得到其中一个变量的过程重新设计为光滑优化问题，然后通过稳定的，如基于梯度下降的方法求解。

Kane 从离散时间的隐式数值积分出发，将位置的积分更新转化为增量势能（Incremental Potential，IP）的最小化。这种方法的本质是一个无约束的优化问题，提高了隐式方法的计算效率，但是并未考虑接触、摩擦、弹性等约束。通过使用不同的接触约束，可将增量势能法转变为一个带不等式约束的优化问题。

针对这个带不等式约束的优化问题，许多学者提出了不同的解决方案。Kane 引入了序列二次规划（Sequential Quadratic Programming，SQP），通过线性化非线性的约束函数进行求解；Moran 使用了增广拉格朗日法，并使用内点法表示不等式约束。两者均对非线性的约束函数进行了线性化，线性化后的约束函数通常仅在局部有效，在单步更新较长时，常常会导致约束失效。Erleben 在全局定义了约束，并使用全局约束的线性化进行求解。相比局部有效的约束函数，全局约束更为有效，但常常会引入额外的约束，导致不可解。

针对使用基于刚体的接触仿真算法在描述精确的复杂接触过程中的问题，研究基于弹性体的方法能否比较高效地解决它。针对弹性体的不同空间离散方式对计算效率的影响，调研并挑选出计算效率较高的方式，并根据所选用的空间离散方式，定义后续有限元计算所需的接触约束。针对接触过程的有限元计算，需研究时间积分的计算方法，着重于基于优化且无须大量调整参数的 IP 法，及研究如何将接触约束融入优化计算中。在基于优化方法计算的基础上，设计并求解隐式表达的步长，实现以较高计算效率的优化方法求解接触问题。

9.2.2　基于刚体的接触建模方法研究

操作、抓持的分析等都是以刚体模型为基础。在刚体模型中，两个刚体之间相互接触的接触点或接触面不允许存在变形。反过来，接触力有两个来源：刚体的不可压缩和不可穿透特性的约束、表面摩擦力。

刚体模型易于使用，有利于规划算法的运算以及与实体建模软件系统的兼容。然而，刚体模型并不能用来描述所有范围内的接触现象，如对于一个多接触夹持器来说，刚性模型无法预测其单接触力的大小（静不定问题）。此外，对于存在较大夹持力的加工操作来说，夹持器中物体的变形是不可忽略的。这些影响操作精度的变形无法通过刚体模型获得。

（1）刚体接触运动学

接触运动学是关于在考虑刚体不可穿透约束的情况下如何使两个或更多的物体产生相对运动。

考虑位置和方向（位姿）都已确定的两个刚体，分别用局部坐标列向量 q_1 和 q_2 表示。其组合形式记为 $q=(q_1^T, q_2^T)^T$，定义两刚体间的位置函数为 $\mathrm{d}(q)$，当两刚体分离时该函数取正值，接触时为零，贯穿时取负值。如果 $\mathrm{d}(q)>0$，则刚体间的运动没有约束。如果刚体相互接触（$\mathrm{d}(q)=0$），则要视位置函数关于时间的导数 $\dot{d}$、$\ddot{d}$ 等情况，以便确定刚体是否保持接触或者按自身遵循的运动轨迹 $q(t)$ 分开。只有所有的时间导数均为零时，刚体才一直保持接触。机器人-环境刚性接触的可能性见表 9-1。

表 9-1　机器人-环境刚性接触的可能性

d	$\dot{d}$	$\ddot{d}$	接触现象
>0			无接触
<0			不会实现（穿透）
= 0	>0		脱离接触
= 0	<0		不会实现（穿透）
= 0	= 0	>0	脱离接触
= 0	= 0	<0	不会实现（穿透）
......			

如果一直保持接触，可以将接触形式分为滑动和滚动两类。与表 9-1 相似，当且仅当物体接触点间的相对切线速度和加速度为零时，接触形式才为滚动。如果相对切线速度不为零，则接触物体为滑动；如果相对速度为零但相对切线加速度（或更高阶导数）不为零，则只有初始状态为滑动。

（2）接触约束

对于机器人与环境的相互作用，速度旋量和力矩旋量之间存在"真实"的互补关系：约束允许的运动（速度旋量 $T = (\boldsymbol{\omega} \quad \boldsymbol{v})^{\mathrm{T}}$）与理想反作用力（力矩旋量 $W = (\boldsymbol{F} \quad \boldsymbol{M})^{\mathrm{T}}$）满足以下条件，即

$$T^{\mathrm{T}} \tilde{\boldsymbol{\Delta}} W = \boldsymbol{\omega} \cdot \boldsymbol{M} + \boldsymbol{v} \cdot \boldsymbol{F} = 0$$

$$\tilde{\boldsymbol{\Delta}} = \begin{pmatrix} \boldsymbol{0}_{3\times3} & \boldsymbol{I}_{3\times3} \\ \boldsymbol{I}_{3\times3} & \boldsymbol{0}_{3\times3} \end{pmatrix} \tag{9-9}$$

式中，$\boldsymbol{M}$ 和 $\boldsymbol{F}$ 分别表示笛卡儿空间中的接触力矩和力；$\boldsymbol{\omega}$ 和 $\boldsymbol{v}$ 分别表示笛卡儿空间中的角速度和平移速度。

从物理意义上讲，这意味着运动对抗反作用力产生的功率为零。在实践中，由于力矩旋量的测量噪声和速度旋量的计算误差，功率数据很难为零。由于这个原因，当沿着特定轴的功率数据低于某个阈值时，沿着该轴的几何约束被认为是满足的。因此，可利用式（9-9）中的描述来确定是否满足几何约束。

9.2.3　摩擦建模方法研究

1973 年，Moreau 用最大耗散原理（MDP）比较完备地定义了静摩擦和动摩擦。MDP 解释了摩擦不是由相对运动速度唯一定义的，也由一些附加的一致性条件和约束决定，如库仑定律。机器人操作中一种常用的摩擦力模型是库仑定律，即摩擦力在接触表面处的切平面内幅值 f_t 与法向力 f_n 的幅值有关，两者关系为 $f_t \leqslant \mu f_n$，其中 μ 为摩擦系数。如果为滑动摩擦，则 $f_t = \mu f_n$，且摩擦力方向与运动方向相反。摩擦力与滑动速度无关。

为了在优化过程中应对摩擦力仿真问题，需要在求解 MDP 的最优性条件的同时，求解离散运动方程。对隐式方法而言，这需要同时求解未知的微元速度、未知的接触微元对的接触力。由于组合爆炸的存在，这使得摩擦力很难求解。

Alart、Bridson 等学者使用非线性高斯-赛德尔方法，迭代地对每个接触微元对进行计算，并使用接触、摩擦约束的线性或非线性近似。但这种方法很难保证复杂接触场景下的可解性。

最近的研究中，Macklin 使用非光滑牛顿型策略求解摩擦力。随后，Verschoor 基于此策略，使用共轭残差法，在一定程度上提高了精度和效率。

针对基于隐式方法的优化方法求解不连续摩擦的问题，研究如何将状态与静摩擦解耦及求解，并研究摩擦力势能的可控参数近似及求解方法，将摩擦力势能融入 IP 法的计算中，建立较为完备的摩擦建模及仿真算法。

9.3　协作机器人操作技能建模

协作机器人操作技能可以建模为以下六大要素。

1. 任务流程

每一个机器人操作任务都可以用一个流程来表示，如机器人轴孔装配任务流程包括寻孔、接触、对准、插入等步骤，空间机器人进行在轨燃料补给任务流程包括更换末端工具、捕捉与重定位目标卫星、切割包覆膜、切断绞索、拧开盖子、加注枪抵近插入、燃料加注等步骤。合理设计机器人操作任务流程对于机器人操作技能学习来说非常重要。

2. 期望轨迹

期望轨迹是机器人操作技能模型的重要组成部分，通常可以通过视觉伺服在线获取或者同时事先规划的方式离线获取。

3. 阻抗参数

机器人操作过程通常存在复杂的机器人-环境接触交互，机器人需要根据外力的变化对上述期望轨迹进行调整，以实现柔顺操作。而阻抗控制是非常常用的一种方式，其中阻抗参数的调整对于阻抗控制来说至关重要。由人类操作经验（如开关门）可知，阻抗参数应根据环境参数的变化而自适应调整，同时在不同的操作方向上，阻抗参数通常也是不同的。

4. 期望接触力

很多机器人操作任务的完成必须通过给环境施加一定的接触力实现，如擦拭玻璃、抛光打磨等，机器人操作过程中的期望接触力很可能是变化的，随着操作任务阶段的变化而变化。

5. 对象模型

机器人操作任务的对象多种多样，不同的操作对象特性需要使用不同的技能策略，如同样是按压按钮，如果按钮的动力学参数（如刚度和阻尼参数）不同，则需要采用不同的技能参数。通常情况下，按钮刚度越大，机器人需要的按压刚度和期望接触力也越大。

6. 环境模型

机器人的操作环境也存在很多的变化，对于同一个操作任务，如果操作环境不同，操作策略也会有所不同。如同一个轴孔装配任务，孔所在的位置可以是平面也可以是斜面，工件周围也可能存在不同的障碍物等。对于这种情况，就需要根据环境模型的参数有针对性地设计操作技能策略。

9.4　协作机器人操作控制策略

协作机器人操作控制策略分为基于分析模型的控制策略、基于示教学习的控制策略和基于策略模型的控制策略三种。其中，基于分析模型的控制策略是基于特定的控制模型或流程规则设计的，需要精确的系统模型与状态估计，在结构化环境中的表现效果优越，但泛化能力有限。基于示教学习的控制策略和基于策略模型的控制策略都属于数据驱动的控制，更适用于非结构化环境，训练速度和效果与算法相关。基于示教学习的控制策略需要借助特定的示教平台收集演示数据或通过在人类与机器人动作之间建立映射关系来直接收集人类动作演示，该类方法提供了人机间更自然的技能传递途径；基于策略模型的控制策略是指由机器人自主探索学习的控制策略，其学习过程的数据分布更接近真实执行过程，对比基于示教学习的控制策略，无须额外的数据收集设备，但学习过程中的不确定性和安全性问题需要额外考虑。

9.5　协作机器人操作技能学习

结合人工智能技术和机器人技术，研究具备一定自主决策和学习能力的机器人操作技能学习系统，已逐渐成为机器人研究领域的重要分支。本节将介绍协作机器人操作技能学习的主要方法及最新的研究成果。依据对训练数据的使用方式将协作机器人操作技能学习方法分为基于强化学习的方法、基于模仿学习的方法和基于小样本学习的方法三种类型，如图 9-1 所示。

各种机器人正逐渐应用于家庭、工厂、国防以及外太空探索等领域，具备如衣服整理、机械零件装配、排雷排爆等操作技能。随着机器人技术的发展，人们期望机器人具备更强的自主操作能力，在更多领域代替人类完成更加复杂的操作任务。传统复杂编程、遥

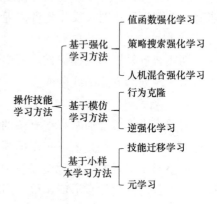

图 9-1　依据对训练数据的使用方式对协作机器人操作技能学习方法分类

操作或示教编程等常规方法可使机器人具备一定的操作技能，能较好地胜任诸多结构化工作环境和单一固定任务的工作场景，完成快速、准确、可重复位置和力控制的任务。然而伴随机器人应用领域的不断扩大，机器人往往面临着未知、动态及难以预测的复杂环境。采用传统常规方法设计的机器人的操作技能不能动态地适应非结构化工作环境或场景多变的工作场合，且机器人操作技能习得过程中存在着周期长、效率低、工作量大及不能满足需求的多样性等诸多难题。随着人工智能技术研究的快速发展，应采用机器学习方法设计具备一定自主决策和学习能力的协作机器人，使机器人在复杂、动态的环境中学习并获取操作技能，能弥补传统编程等常规方法的缺陷，极大地提高机器人对环境的适应能力。机器人操作技能学习作为未来机器人应具备的重要性能之一，对未来机器人技术的发展具有重要意义，是将来机器人在各领域得以广泛应用的重要基础。近年来，机器人操作技能学习研究正逐渐成为机器人研究领域的前沿和热点，新的学习方法被逐渐应用于机器人的操作技能学习中，诸多著名

研究机构和公司，如 DeepMind、加州大学伯克利分校、OpenAI、Google Brain 等在此领域取得了一定的成果，但仍面临着巨大挑战。

机器人操作技能学习方法涉及众多机器学习算法，而机器人训练数据的产生方式在一定程度上决定了机器人技能学习所要采用的具体方法。机器人操作技能学习所需数据大致可由机器人与环境交互产生或由专家提供。基于此，本节将机器人操作技能学习方法分为基于强化学习的方法、基于模仿学习的方法和基于小样本学习的方法（见图 9-1），并基于该分类对机器人操作技能学习的研究现状进行了概述和分析。

9.5.1　基于强化学习方法

在基于强化学习方法的机器人操作技能学习中，机器人以试错的机制与环境进行交互，通过最大化累计奖励的方式学习操作技能策略。该类方法分为执行策略、收集样本及优化策略三个阶段。基于强化学习方法又分为值函数强化学习方法、策略搜索强化学习方法和人机混合强化学习方法，具体如下：

（1）值函数强化学习方法

值函数强化学习方法依据机器人与环境交互是否需要依靠先验知识或交互数据学习得到系统的状态转移模型，可分为基于学习模型的值函数方法和基于无模型的值函数方法。

在基于学习模型的值函数强化学习方面，Lioutikov 等基于局部线性系统估计得到系统的状态转移概率模型，实现了二连杆机械臂对乒乓球拍的操作。Schenck 等基于卷积神经网络结构建立了推断挖取和倾倒动作的预测模型，实现了 KUKA 机器人挖取豆粒物体的操作技能任务。

总体而言，基于无模型的值函数方法无须对系统建模，计算量小，但价值函数的获取需要通过机器人与环境的不断交互采样估计得到。基于学习模型的值函数方法首先需要依据机器人与环境的交互数据学习得到系统模型，并基于该模型采用仿真形式得到最优策略，故它在真实环境中所需的样本少，但计算量大。

（2）策略搜索强化学习方法

相较而言，在机器人操作技能学习领域，策略搜索强化学习方法比基于值函数强化学习方法更具优势，主要体现在：①采用策略搜索强化学习方法可以较为方便地融入专家知识，可依据获取的专家策略对神经网络参数进行初始化，以加速策略优化的收敛过程；②策略函数比价值函数具有更少的学习参数，基于策略搜索的强化学习算法学习更加高效。

（3）人机混合强化学习方法

人机混合强化学习（hybrid reinforcement learning）旨在将混合增强智能方法和强化学习结合起来，从而实现真正的人机交流，仍是一个新兴的研究领域，一些学者已逐步扩大其研究范围。

Abel 等在 2016 年提出了一个独立于智能体的"人在回路"的强化学习模型，目标是利用标记有效的特征来实现强化学习算法。通过模拟训练，可以在一些简单的领域做出初步评估，验证方法的有效性。

人机混合强化学习是人在回路中的混合增强智能的一种基本实现方式，其基本框架如图 9-2 所示。通过使人参与强化学习的过程，可以将人类所具备的知识和经验传递给智能体，用来指导智能体的学习过程，实现人类智能和机器智能的有效融合。用人类的知识和经验引导智能体学习的方法有很多，如提供示教、指导和反馈。根据不同的学习级别，模仿学习分为行为克隆和逆强化学习。使用人类提供的示教来获得初始策略，可以获得较好的初始策略以有效地加快学习速度。然而，在复杂的任务中，人类用户可能很难提供高质量的示教数据。此外，通过利用人类的建议，人类用户可以参与到整个学习过程中，而不是简单地通过示教数据初始化策略。根据建议的不同使用场景，可以将它分为指导和反馈。指导是由人类用户提供的，以表明对即将执行动作

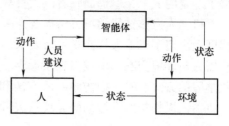

图 9-2　人机混合强化学习基本框架

的偏好，被用来调整探索策略。反馈指的是人根据智能体过去所做的动作做出的反应。Thomaz 和 Breazeal 提出的研究结果表明，人们使用奖励信号不仅是为了提供关于过去行动的反馈，也是为了提供未来的定向奖励来指导下一步的动作。在该研究中，学者们在交互通道中加入了沟通通道以区分人类的反馈和指导。在机器人执行动作之前，人类通过指导通道表明动作偏好；在机器人执行行动之后，通过反馈渠道对完成的行动进行评估，以改进策略。实验表明，带有指导通道的交互框架可以使学习过程更快、更有效、更成功。人类反馈可以分为评估性反馈和纠正性反馈。评估性反馈是指在评估领域中的人类反馈，分为选择偏好和提供强化。选择偏好是指通过在智能体演示的一组执行中选择偏好策略执行；提供强化是指人类以奖励或惩罚来评估智能体所执行的行为。纠正性反馈是指在动作领域中的人类反馈，人类向智能体指示该做什么。Knox 和 Stone 讨论了将从人类输入学到的模型与强化学习相结合的不同方法，即奖励塑造、策略塑造、控制共享和行动偏置。在评价性方法中，人类用户给出奖励或惩罚的信号，以表明所执行的行动有多可取。通过评价性强化信号训练智能体（Training an Agent Manually via Evaluative Reinforcement，TAMER）是一种典型的评价性反馈方法。TAMER 用监督学习的方法对人类的奖励进行建模，并使用学到的模型代替强化学习框架中的奖励函数。因此，它可以在没有特定奖励函数的情况下完成任务，但是只考虑了即时奖励，这导致其长期学习能力很差。Griffith 等介绍了 ADVISE 算法，该算法使用策略塑造来整合人类反馈，并将人类反馈视为策略最优性的标签而非评估奖励。Paul 等考虑了没有奖励函数或奖励函数很差的情况，期望从人类对智能体的轨迹偏好中学习奖赏函数，从而进行强化学习。Celemin 等提出了一个名为人类传达的指导性建议（COrrective Advice Communicated by Humans，COACH）的框架，它允许人类用户对已执行动作的相对变化提供修正，在动作领域给出纠正性反馈，并有一个模块来模拟人类用户的意图。此外，与评价性反馈相比，人类用户更喜欢在行动领域提供修正。但现有的方法要求人类用户在每个时间步提供建议，因此会存在由于人类延迟造成的信任度问题。除此之外，人类传递给智能体的信息量会受二进制信号形式的限制。刘星等在此基础上提出了回合式模糊 COACH 方法，在机器人抛球、推物块等操作技能学习场景中成功得到了应用，大大提升了机器人的技能学习效率。

9.5.2　基于模仿学习方法

在机器人操作技能学习领域，基于模仿学习方法是通过模仿给定的专家经验数据学习得到操作技能策略的方法。它无须从环境中获得奖励反馈，其反馈信息来自于专家的决策样本。在以多指机械手灵巧操控为代表的许多复杂的实际问题中，相较于设置合适的奖励函

数，获取专家样本往往更容易且成本更小。基于模仿学习方法可降低机器人搜索策略空间的复杂度，在一定程度上提高了机器人操作技能学习效率。近年来，模仿学习已成为机器人操作技能学习的热点领域之一。

基于模仿学习方法一般分为演示、表征和学习三部分。

演示即收集专家信息为之后的训练提供样本，一般分为间接演示方法和直接演示方法。间接演示在单独的环境中进行演示，如使用视觉技术从视频中提取专家演示或使用穿戴式设备采集专家信息等，获取演示数据较为容易，但由于与机器人分离，无法保证演示的质量。直接演示采用直接接触并引导机器人或遥操作演示等方式，直接从机器人处获取信息，因此得到的信息更精确、噪声更小。但直接接触需要保证机器人的安全性，并且机器人必须可以由人力引导，特别是针对一些高自由度的机器人操作时十分烦琐。而遥操作演示方式目前大部分基于轨迹和姿态信息，缺乏接触力信息，因此完成精细的操控任务难度较大。常见的人-机器人示教操作如图 9-3 所示。

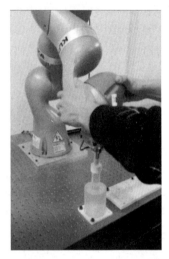

图 9-3　常见的人-机器人示教操作

表征就是将收集到的专家演示信息表示为机器人可以识别的形式，分为符号表征、轨迹表征和运动状态空间表征。

学习是研究最集中的部分。基于模仿学习的学习方法目前主要分为两类：行为克隆方法和逆强化学习方法。

行为克隆方法的主要思想是对专家样本进行监督学习，并建立各状态、动作和任务相关条件的直接映射。当具有大量专家样本时，行为克隆可以获得非常好的效果，但当样本数量较少时，该方法获得的策略鲁棒性和适应性较差。且该方法仅考虑单步效果，不考虑长远影响，因此误差会随着步骤的增多而逐渐变大。

逆强化学习方法是指假设专家样本最优，通过逆强化学习学习专家演示中所隐含的奖励函数，再根据强化学习方法学习控制策略的方法。逆强化学习在样本数量较少时依然可以获得控制策略，鲁棒性和适应性更强，但生成的策略在与训练环境相差较大的环境中性能大幅下降。

9.5.3　基于小样本学习方法

无论是基于强化学习还是基于示教学习的机器人操作技能学习方法都需要一定量的训练数据。真实训练数据的获取不仅耗费时间，而且对机器人来说也是很危险的。能否使用少量训练数据样本就可学习到新的操作技能成为机器人快速应用于各领域的关键。

近年来发展起来的迁移学习（transfer learning）及元学习（meta learning）具有利用先前数据经验的机制，当面对的新任务只有少量数据时，能够实现基于小样本数据的快速任务学习。

1. 技能迁移学习

机器人操作技能学习中的技能迁移学习主要包含两个方面：一是基于环境，将虚拟环境中学习到的操作技能迁移到真实环境中；二是基于任务，将在一种任务上学习到的操作技能迁移到另一种任务上。

在仿真环境中，机器人操作技能学习的训练成本低廉，并可避免使用真实机器人训练所带来的诸多不便和危险。但由于仿真环境与机器人真实工作场景的不同，导致在仿真环境中学习到的操作技能策略迁移到真实环境中的表现效果欠佳，为此如何将在虚拟环境中学习到的策略较好地应用于真实环境是机器人操作技能学习中研究的关键问题之一。通过基于一种或多种任务学习的技能策略初始化新任务技能策略，可加快机器人对新任务操作技能策略的学习效率，但这仅限于机器人的任务类型和工作环境存在极小差异的情况。为此如何在具有一定差异的不同任务之间实现操作技能的迁移，并且避免可能出现的负迁移（negative transfer）现象，也是机器人操作技能学习中所要解决的重要问题。

迁移学习是从一个或多个源域（source domain）中抽取知识、经验并将其应用于目标域（target domain）的学习方法，已在如计算机视觉及控制等领域取得了一定的进展。在机器人操作技能学习领域，迁移学习可将基于一种或多种任务上学习到的能力迁移到另一种新的任务上，以提高机器人操作技能的学习效率。Ammar 等提出了一种基于策略梯度的多任务学习方法，通过从不同的工作任务中迁移知识实现了机器人的高效学习。Gupta 等通过构建多个机器人之间共有的特征空间，采用多任务学习的形式在虚拟仿真环境中实现了将 3 连杆机器人抓取、移动指定物体的操作技能通过少量数据迁移给 4 连杆机器人的目标。Tzeng 等通过在虚拟环境中合成与真实环境中相对应的图像信息对机器人的操作技能进行训练，之后采用迁移学习将机器人的操作技能应用于真实环境中。

机器人技能迁移学习在一定程度上可提高机器人学习操作技能的效率，然而在面对新任务时，仍然以机器人与环境进行一定的交互为前提，即仍然很难使机器人通过一次或极少次示教数据成功学习到新的操作技能。

2. 元学习

元学习及以此为基础的一次性学习（one-shot learning）是一种基于少量训练数据对模型进行学习的机器学习方法。元学习通过在大量相关任务且每种任务包含少量标记数据的任务集上对策略进行训练，能够自动学得训练任务集中的共有知识。诸多学者将该方法应用于图像识别、生成式模型、强化学习智能体的快速学习等领域。此外，一些学者也尝试将元学习应用在机器人操作技能学习领域。如 Duan 等提出了一次性模仿（one-shot imitation）学习方法，基于多种任务采用元学习算法训练得到元学习策略，学习完成后基于新任务的一次示教就可完成执行新任务的操作技能，并通过搭积木的操作任务验证了该方法的有效性。Finn 等提出了 MAML（Model-agnostic Meta-learning）元学习方法，通过多种任务采用梯度下降方法对同一个深度网络策略模型的参数进行元学习更新，利用少量训练数据和较少步的梯度下降更新策略参数进行新任务学习，在虚拟仿真环境中快速学习到了机器人的前进、后退等操作技能。

另外，还有一些学者提出了面对新任务小样本学习的其他方法，如 Xu 等通过采用神经网络推理方法将机器人的操作技能任务进行分解，在采用大量监督数据对模型进行训练的基础上，通过在虚拟环境中进行一次示教，就可使机器人完成诸如整理餐桌等操作任务。Tobin 等提出了域随机化（domain randomization）方法，通过在虚拟环境中改变物体的纹理、光照以及相机的位置等条件对神经网络进行训练，之后无须额外数据训练就可将在虚拟环境中训练得到的策略直接应用到真实环境中。

9.5.4　未来发展方向

通过分析已有的机器人操作技能学习研究工作，发现机器人操作技能学习问题主要聚焦于两方面：一是如何使机器人学习得到的技能策略具有更好的泛化性能；二是如何使用较少的训练数据、较低的训练成本学习得到操作技能。如何解决这两方面的问题是机器人操作技能学习的研究重点。为此，本节列举了如下未来的研究方向：

1. 高效学习算法设计

以兼具感知、决策能力的深度强化学习为核心算法的机器学习方法在机器人操作技能学习领域取得了一定的进展。但由于采用深度学习方法对价值函数或策略函数进行拟合，通常需要通过多步梯度下降方法进行迭代更新；采用强化学习得到机器人不同状态所要执行的最优动作也需要机器人在环境中经过多步探索得到，这就导致了该类算法的学习效率较低，如人类花费数小时能学会的操作技能，机器人却需要花费数倍时间才能达到同等水平。

现有的深度强化学习算法，如深度 Q 网络（Deep Q-Network，DQN）、深度确定性策略梯度（Deep Deterministic Policy Gradient，DDPG）、异步优势演员评论家（Asynchronous Advantage Actor-Critic，A3C）、意为信任区域策略优化（Trust Region Policy Optimization，TRPO）及近端策略优化（Proximal Policy Optimization，PPO）等既能适用于电子游戏，也能适用于虚拟环境下的机器人控制策略训练。但在机器人实际操作环境中，存在数据样本获取困难、数据噪声干扰大等困境，导致现有操作技能学习方法学习效率低、学习效果欠佳。因此，结合机器人操作技能学习的固有特性及先验知识设计高效学习算法，实现在有限样本的条件下操作技能策略的快速迭代和优化对于机器人操作技能学习具有重要价值。

强化学习是实现智能体自主适应环境的重要工具。利用深度模型，强化学习在复杂任务中显示出巨大的潜力，如玩像素游戏。然而，当前的强化学习技术仍然需要大量的交互数据，这在现实应用中可能导致无法承受的成本。为了提高算法的收敛速度，可从探索、优化、环境建模、经验转移和抽象化、分层强化学习及符号神经网络等方面减小强化学习样本成本。

（1）探索过程

在未知环境中，智能体需要访问尚未访问过的状态，以便收集更好的轨迹数据。智能体无法严格遵循其当前策略，因为探索策略通常用于鼓励偏离先前的轨迹。ε-贪婪和吉布斯采样等基本探索方法在输出动作中注入了一些随机性，即动作空间噪声，因此执行每个动作并访问每个状态的概率都是非零的。动作空间噪声的限制是，所得到的策略（即潜在策略对应于随机化输出）可能远离参数空间中的当前策略，甚至超出参数空间，这给策略更新带来困难。

（2）优化过程

在从环境收集交互数据的探索步骤之后，学习步骤根据数据更新策略或价值函数的模型。如今，神经网络可能是最流行的模型选择。然而，找到合适的神经网络模型并不是那么简单的。考虑策略搜索方法，直接目标是最大化预期的长期回报。该目标可以表示为当前状态和行动分配的奖励，其中分配由策略决定。与样本固定的监督学习场景不同，优化目标首先需要根据策略生成样本，更新策略后，将更改分布，并且必须根据更新的策略生成新样本。因此，优化面临非静态环境，在当前样本集合上难以求解最优策略，需要进行探索以找到更好的样本。

（3）环境建模

目前出现了一种趋势，即由于环境模型难以准确学习，智能体不完全依赖学习到的环境模型来导出策略，而是从不准确的模型中提取指导信息。Tamar 等提出的价值迭代网络采用规划结构化网络来实现价值迭代，同时环境转换与价值迭代一起学习，然后，将价值迭代的规划结果用作策略输入的增强特征，而不是通过价值迭代直接学习策略。Weber 等提出了想象增强智能体，包括学习环境模型的想象模块，模块中的展开路径被编码为策略输入的增强功能。Pong 等的研究中学习的不是环境转换，而是预测目标距离的 Q 函数，这一功能可作为指导学习的直接奖励。可以看出，这些方法涉及环境模型学习，与无模型方法相比有显著改进，因此非常有前景。然而，对随机环境建模仍然困难，这些方法目前只在受限环境中工作，还不能够通用。

（4）经验转移

人类并不是从零开始完成每一项任务，而是不断地从许多任务中学习和积累经验。从先前任务中积累的经验可以加快未来任务中的学习速度。同样，如果有经验，智能体也可以在任务中更有效地学习。这是迁移强化学习的子领域，近几十年来研究人员一直在对其进行研究，并已经从各个方面提出了许多方法，如样本转移、表示转移和与抽象相关的技能、选项转移。

最新的进展包括学习快速启动模型。Finn 等提出 MAML 方法，学习一种平均模型，同时能够更新以适应不同的任务。因此，模型可以在特定任务中快速更新。然而，学习快速启动模型必须假设任务分布很窄。另一种适应任务的方法是感知环境。Peng 等提出采用 LSTM网络从交互中自动推断环境参数。Yu 等提出通过执行一些粗略训练的策略来探测环境，从而获得环境参数。Zhang 等提出学习一组校准动作来探测环境参数。在他们的实验中，5 个探测样本足以在新环境中找到一个好的策略。通过感知环境，策略学习任务被简化为环境识别任务，这可能只需要几个样本。但所有这些方法仅在有限的情况下有效，更为通用的迁移强化学习方法仍然未被发现。

（5）抽象化

抽象被认为是样本效率问题的核心。通常，状态空间的抽象可以提升到具有较低维度、较高级别的状态空间，一旦成为可能，在抽象层次空间中的探索和环境建模将更加高效。然而，抽象一直是人工智能中的一个长期未被很好解决的问题。

（6）分层强化学习

强化学习中的一个重要方向是分层强化学习，已经发展了几十年。早期工作包括学习选项，其中选项是行动的抽象，由进入条件、退出条件和选项子策略定义；抽象机器的层次结构（HAM），其中预定义的自动机是子策略；MaxQ 框架，它使用分解的子目标进行学习。虽然有一些关于自动学习层次结构的研究，但由于缺少通用的方法，导致层次方法仍然严重依赖于作为先验知识给出的层次。最近的研究可能会减少对手工构建层次结构的要求。Florensa 等于 2017 年利用信息理论自动训练子策略，这仍然需要领域知识来设计内在奖励。高级策略将学习如何利用子策略来完成任务。Bacon 等采用选项框架，但并没有预先定义，而是通过策略梯度方法，这样既训练了选择选项的高级策略，也训练了选项。Vezhnevets 等采用了管理者策略（高级策略）和工人策略（低级策略）结构，高级策略发送信号来指导低级策略的行为。分层强化学习框架如图 9-4 所示。

层次强化学习方法可以从层次结构中受益，因为高级策略的训练时间更短，因此效率更高。然而，如何缩短训练周期尚不清楚。大多数方法都迫使高级决策只在每个固定步骤进行，这样，高级策略可能不会及时更改子策略。此外，分层强化学习可能不适合只解决一项任务。在多任务和转移学习场景中，子策略可能更多地被定义为可跨任务重用的策略段。值得注意的是，目前关于多层次结构的研究很少。

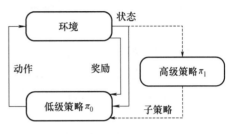

图 9-4 分层强化学习框架

（7）符号神经网络

在策略模型内部，尽管通常使用的神经网络能够从原始输入抽象到一些概念级别，如识别图片中的对象，但它们不能在抽象级别上操作。但是，一旦可以，策略模型可能会在内部学习状态、操作的抽象。最近的一系列研究正在推动扩展神经网络的这种能力。Graves 等通过模拟记忆细胞实现了神经网络的记忆能力。Hu、Evans 和 Grefenstette 将逻辑组件作为神经网络中的可微部分嵌入。因为当前神经网络模型无法进行递归，所以必须提前扩展推理路径，这使得模型太大而无法存储。Dai 等在神经网络中集成了一个完整的逻辑编程（Programming in Logic，Prolog）系统，因此网络可以使用有效的离散搜索树执行一阶逻辑推断。已经证明，从代数方程图学习的新模型中能够正确理解代数规则，因此对较长方程具有很强的泛化性能。可以想象，当一个神经网络模型能够进行具有一阶逻辑推理能力的一般抽象时，就有可能有效地对环境建模，并能够跨任务传递其高级推理。

2. 动态变化的环境

在实际的机器人操作控制应用中，环境通常是动态的，而不是传统强化学习算法中的静态环境。Chen 等确定了动态环境可能带来的两个方面的影响，即高方差和虚假奖励，并使用了两个技巧来缓解影响。然而，如何从根本上改进学习算法，使其能够在动态环境中推断其行为的真实结果，仍然是一个开放的问题。

9.6 协作机器人灵巧操作

灵巧操作是机器人技术的一个领域，在这个领域中，多个机械手或手指合作抓取和操作物体。灵巧操作与传统机器人技术的不同之处主要在于操作是以对象为中心的，也就是说，这个任务是根据要操作的对象应该如何表现以及应该施加在它身上的力来制定的。需要精确控制力和运动的灵巧操作是传统机器人抓取器无法实现的，必须使用手指或专门的机械手。

灵巧操作是机器人技术的主要目标之一。具有这种能力的机器人可以完成分拣和包装物体、切菜和折叠衣服等任务。当机器人与人类并肩工作时，它们需要具有人类的意识。在过去十年中，研究正朝着这些目标迈进，并在视觉和触觉感知以及提供自然顺应性的软执行器等方面有了进步。最值得注意的是，机器学习的巨大进步被用来应对不确定性模型，并支持自适应和鲁棒控制的改进。

机器人在抓取和操作某些类型的物体方面已经相当有效。它们还能够执行各种简单的操作动作，如投掷、滑动、戳、旋转和推动等。当这些动作必须在杂乱的环境中执行或需要接触丰富的交互时，如当感兴趣的物体靠近其他物体，或被其他物体覆盖，或位于受限空间（如货架单元）时，就会出现困难。因此有必要规划一条可行的路径，并生成一组中间动作，以确保不会损坏机械手或其他物体。人们还认识到感知和控制是紧密耦合的，交互感知领域将操作视为感知的手段，将感知视为实现更好操作的手段。

人类的灵巧性是一种在童年时期获得的技能，并不断在完善，如在演奏乐器或制作手工等活动中运用的技能。机器人目前还达不到这样的灵活性。为了能够操作世界上存在的大量物体，机器人必须能够不断学习、适应其感知并控制不熟悉的物体，学习并解决一些挑战，这些挑战与缺乏精确的对象模型和接触动力学以及大自由度机器人日益复杂的控制有关。因此，目前许多灵巧操作方法依赖于学习方法而不是控制理论。可以使用学习嵌入稳定或合适抓取的表示，然后应用这些表示来验证稳定性，并在运行时生成重抓取运动，或者捕捉快速移动的对象。学习特别适合嵌入抓取和操作的动态特性，以及对复杂非刚性对象的建模操作。学习已被用于建立接触模型，这有利于根据双手动力学的要求，通过确定潜在空间来减少控制维度。

然而，仅仅依靠学习来解决所有问题并不可行，并且有一定的局限性。学习需要数据进行训练，常用的方法是从试错实验中生成数据。然而，这个过程很烦琐，可能会损坏机器人。提供训练数据的一个日益增长的趋势是先在仿真中测试算法，然后在真实平台上优化学习，如用于学习灵巧的手部操作。机器人也可以从互联网上可用的图像数据和视频或现场专家（通常是人类）的演示中学习。然而，并不总是能够找到专家，尤其是在任务危险或需要极高精度的情况下。因此，虽然学习很重要，但它不能解决机器人中的所有问题。

目前已经建立了评估抓取稳定性的基本理论，能够适应不可预测情况的控制算法，以及适当的传感器反馈以执行状态估计时改变动态。最近，该领域还看到了数据驱动方法的发展，在这种方法中，即使是灵巧的手部操作也可以完成，但只适用于非常特定的问题和高度定制的环境。在水和油（不仅仅是在空气中）等介质中实现对完全未知物体的鲁棒、灵活和自适应抓取和操作，预计将引发一场重大的制造革命，这将影响大多数依赖精细操作和高灵巧度的工作。然而，对满足和超越人类灵巧度和精细操作能力至关重要的几项技术仍在系统开发中。必须设法理解和建模软点接触，并为点接触和表面接触提供稳定性规则，还需要开发一种更好的方法来建模操作后状态发生显著变化的对象（如切片后的黄瓜、切碎后的洋葱）。为了规划和生成适当的中间抓取和操作动作，需要对操作和任务目标进行全面描述。这种对规划的强调也与数据驱动方法相关，因为需要更好的工具来模拟软体，并生成包含力和扭矩信息的相关场景和示例。

除了上述建模和软件方面，学者们还寻求在硬件开发和设计方面取得实质性进展。一个特别相关的领域是机器人传感，重要的是开发与设计良好集成的皮肤传感器，但不要过度布线或增加大量重量。这种传感功能应促进力和扭矩测量，确定剪切力以检测和抵消滑动。为了实现手部的灵巧操作，我们还需要能够进行高频控制的驱动手。这种手必须能在不同介质（空气、水和油）中工作，而不受损坏或需要戴特殊手套。总的来说，我们需要轻便、廉价、结实、易于与任何类型的机械臂集成的机械手。

9.7　协作机器人操作技能推理

机器人学习算法的发展仍受到泛化能力较弱、鲁棒性较差、缺乏可解释性等问题的限制。推理对于机器人学习人的知识和逻辑、理解和解释世界方面有重要作用。首先分析人类大脑推理机制，从认知地图、神经元和奖赏回路，扩展到受脑启发的直觉推理、神经网络和强化学习；然后总结机器人推理的方式及其相互关联的现状、进展及挑战，具体包括直觉推理、常识推理、因果推理和关系推理等。

推理是人类求解问题的主要思维方法。思维通过探索发现事物的内部本质联系和规律性，其中概念、判断和推理是人类认知的高级形式，认知是人类或其他生物大脑运作的一个过程。人通过感官获取信息并存储在记忆中，当某些事物或事件对人产生刺激，使人产生联想或推导某些含义时，推理就发生了。推理是人类利用已有知识或表征进行推论并得出结论的过程。表征是一种传递信息的物理状态。推理基于知识和方法，人类依靠大脑能很快找到处理知识和其中复杂关系的方法，但机器人获取的知识可能不完整、方法可能不正确。因此，机器人要实现推理必须不断地获取或学习知识、修改和更新方法，并且需要像人一样考虑各种偏好。根据上述概念，机器人推理能力是指尽管知识不完整或不一致，但机器仍可模拟人类得出有意义结论的能力。机器人推理对于人工智能的实现极其重要，高级的推理能力可辅助机器人和人类无缝交流互动，但实现机器人推理是一个相当复杂并且困难的问题，目前仍面临很多挑战。

从双重过程理论的角度，按照直觉和分析，可将人的推理分为直觉推理和逻辑推理。直觉推理是人类对某个问题不经逐步分析，不受某种固定的逻辑规则约束，仅凭自我感知迅速判断问题答案的能力。逻辑推理按照事物的类别、属性，以逻辑的规律、方法和形式有步骤地从知识和条件中推导新的结论，是经后天学习而获得的能力。逻辑推理分为归纳推理和演绎推理：归纳推理可从特定的已知实例中得出对未知实例的推论；演绎推理通过某种一般性原理和个别性例证，得出关于该个别性例证的新结论。在演绎推理中，临床和神经影像学的研究表明，与内容无关的推理由大脑左半球引导，而依赖内容的推理由大脑右半球和双侧腹膜额叶皮层的区域引导。Stephens 等的研究发现，双重过程理论中直觉和分析系统的不同类型有助于推理，归纳推理受直觉的影响更大，演绎推理受分析的影响更大。

构建基于大脑推理机制的计算模型，首先需要明确，人类进行推理是在大脑提供的包含知识和经验的可解释模型，即认知地图上，进行价值和风险的评估和决策。人类通过认知加工获取针对特定任务的心理表征并进行信息加工和转换，得到合适的输出，其中选择性注意可在复杂情况下深入加工当前感觉信息的一部分，而忽略其他部分，有利于促进高效决策。人类通过多巴胺奖赏通路与环境交互得到反馈，不断适应环境并改善当前的认知活动。因此，构建受脑机制启发的机器推理计算模型考虑的问题就是如何借鉴生物的推理模型，整合多通道的感知计算、多模态信息的计算处理，进行形式化表达并结合计算机的优势进行协同计算。

机器推理的通用架构主要分为三部分：信息感知、特征提取和推理决策。信息感知用于提供信息输入，特征提取可通过神经网络实现，推理决策部分结合强化学习可优化策略。在整体架构方面，多模态信息感知可得到外界环境中的图像、声音、味道等信息，信息加工可进行信息的接收、存储、操作运算和传送，特征提取可通过映射将高维的特征向量变换为低维特征向量，特征选择能挑选一些具有代表性和分类性能好的特征，再通过推理决策实现机器的推理过程，还可通过决策行动与外界环境进行交互，并得到反馈，进而优化机器的推理能力，使机器逐渐逼近甚至超越人类的推理能力。

协作机器人操作技能推理的关键在于操作技能知识库的建立，机器人根据操作经验建立技能知识库。当遇到新的操作任务时，机器人根据一定的标准从技能库中搜索相似的操作技能，以利用技能库中的知识辅助实现新操作技能的学习。

第 10 章

车臂复合协作机器人

10.1 复合机器人基本概念

复合机器人主要由移动底盘和机械臂构成，兼具移动和操作能力，是智能制造柔性生产环节的核心组件，也是未来最有可能走入人类社会和家庭并提供定制化服务的机器人系统。复合机器人的物理交互能力和车臂运动协调能力是其在柔性生产和定制服务中成功应用的关键，而目前基于位置控制并采用车臂独立控制结构的复合机器人在这些方面还存在诸多不足。因此，深入研究复合机器人物理交互、车臂运动协调分配控制方法，成为了拓展其应用领域的重要课题，具有重大的理论意义和实际应用价值。

复合机器人的原型最早可追溯到 1984 年的 MORO 机器人，其基本构成部件为移动底盘和机械臂，同时具备移动和操作能力。复合机器人典型应用场景如图 10-1 所示，经过数十年的发展，目前复合机器人已在大型零件磨抛、工厂生产线物料搬运、仓库及超市货物分拣及老人看护服务等需要大范围移动操作并与外界环境进行物理交互的场合得到初步应用。随着产品和服务从批量化向定制化发展的倾斜，复合机器人具备的移动操作能力将在最大限度上满足未来工业生产和社会服务自动化对机器人灵活性的需求。然而，当前复合机器人平台多为移动底盘和机械臂两个独立部件的简单组合，即在硬件结构上将两者刚性连结，在控制上两者相互独立。移动底盘和机械臂的独立控制忽略了两者运动的耦合特性，导致难以统筹与协调两者运动，运动规划与执行过程复杂低效，高冗余自由度优势未充分利用，最终使得复合机器人的表现有"形"而无"神"。因此，基于复合机器人一体化建模技术，研究其控制方法对提升复合机器人的运动控制性能、满足未来工业生产和社会服务自动化的技术需求具有重要意义。

复合机器人作为复杂车臂耦合系统，其运动控制性能不仅受机械臂和移动底盘各自运动精度和动力学响应速度的影响，而且受两者运动耦合作用的影响。复合机器人在执行移动操作任务时，机械臂运动产生的作用力以及与外界环境的交互力将通过基座传递给移动底盘，对移动底盘的运动产生干扰；同时，移动底盘运动时也会带动机械臂运动，在机械臂原有运

图 10-1　复合机器人典型应用场景

动的基础上产生叠加效应。移动底盘和机械臂之间存在的动力学耦合作用将影响复合机器人运动控制的稳定性、指令响应的快速性。因此，当基于复合机器人一体化建模研究其控制方法时，需先对车臂动力学耦合特性进行补偿。随着制造业和服务业的发展，"人机共融"成为国内外机器人领域的研究热点，人机物理交互与协作技术成为新一代协作机器人的标志与研究方向。机器人应用领域的进一步拓展使机器人与人、环境不可避免地存在物理交互，复合机器人具备物理交互能力是"人机共融"实现的基础。以笛卡儿阻抗控制为代表的主动柔顺控制技术在基于关节力矩控制的机械臂上展现了优异的物理交互特性，并且该控制技术在处理外部干扰以及自身鲁棒性方面具有优异表现。当前已有将新一代力矩控制的协作机械臂固定于移动底盘上构建的复合机器人平台，如 KUKA KMR iiwa，然而独立的控制结构导致复合机器人的主动顺应性仅表现在机械臂上，移动底盘不能给予它帮助，即无法产生车臂协同的主动柔顺行为。因此，为实现复合机器人整体柔顺控制，研究基于车臂一体化模型的复合机器人全状态笛卡儿阻抗控制方法对解决复合机器人车臂协同物理交互移动操作问题具有重要意义。

当复合机器人采用一体化建模与控制时，移动底盘的自由度被看作是机械臂自由度的扩展，复合机器人将是一个具有高冗余自由度的系统。虽然基于车臂一体化模型设计的全状态笛卡儿阻抗控制器能够实现车臂协同主动柔顺运动，但固定的车臂协同方式缺乏灵活性。考虑到机械臂和移动底盘的运动特性存在差异，一般来说，协作机械臂的绝对定位精度要远远高于移动底盘（前者为 ±0.5mm，后者为 ±10.0mm），并且由于两者质量差距较大（前者为 15～30kg，后者为 100～200kg），协作机械臂的动力学响应速度也要远远快于移动底盘。面对复杂的物理交互移动操作任务，如何合理地利用复合机器人的完整运动链及机械臂和移动底盘部分运动链运动特性的优势，是一个值得研究的问题。这要求在全状态笛卡儿阻抗控制下，基于复合机器人高冗余自由度的特点，设计复合机器人车臂完全解耦的冗余自由度求解方法。值得注意的是，在冗余自由度求解过程中需要保证任务空间的阻抗关系不变。因此，有必要研究在全状态笛卡儿阻抗控制下复合机器人的车臂运动灵活分配控制问题，实现车臂运动按需分配。

在物理交互移动操作应用中，不同物理交互操作任务中的运动约束、环境特性不同，对机器人表现出的主动柔顺特性需求也不同。阻抗参数，尤其是刚度，是决定笛卡儿阻抗控制主动柔顺特性的主要因素。而在工业生产和社会服务中，存在复杂且多样的操作任务，基于经验反复试凑的方法往往是低效的，在某些需要刚度参数连续变化的任务中甚至是不可能的。因此，为提升在物理交互移动操作应用中部署复合机器人的效率，有必要提出一种高效的机器人主动柔顺特性规划方法。在机器人示教学习领域，国内外研究学者提出了多种示教方式及学习算法对示教轨迹进行编码并在机器人上复现，该领域的研究成果大大简化了机器人的编码过程，提高了机器人的易用性与部署效率。目前，通过示教学习对机器人运动轨迹进行编码的技术已趋向成熟，然而却鲜有对机器人物理交互特性进行示教学习的研究。因此，研究基于示教学习的复合机器人主动柔顺特性规划方法，有利于提高它在复杂多样的物理交互移动操作任务中的部署效率。

复合机器人是由具有显著运动特性差异的移动底盘和机械臂构成，兼具移动和操作能力，同时具有高冗余自由度的复杂机器人系统。为实现复合机器人在物理交互应用中的车臂协同主动柔顺，需要在移动操作任务中车臂运动协调分配以及主动柔顺特性的高效规划为目标，以车臂一体化建模方法为基础，研究复合机器人主动柔顺及运动分配控制方法。

10.2　复合机器人研究发展现状

1. 复合机器人的硬件结构

目前国内外市场上已有商业化的复合机器人平台出现，如针对工厂不同工位间运输及操作的 KUKA KMR iiwa 平台、新松 HSCR 平台、波士顿动力 Stretch 平台和 Robotnik 的 RB-KAIROS 等。定位于家庭服务的商业化复合机器人有 Fetch 复合机器人、丰田 HSR、三星 Bot Handy，Robotnik 的 RB-1 等。而在研究领域比较有代表性的复合机器人有韩国首尔大学研发的复合机器人，上海交通大学机器人研究所的 AMM 复合机器人，丹麦奥尔堡大学研发的 Little Helper 复合机器人，以及哈尔滨工业大学研发的复合机器人等。复合机器人的基本结构可进一步扩展为双臂，甚至拥有躯干，如德国宇航中心开发的 Rollin's Justin、卡尔斯鲁厄理工学院的 ARMAR-6、早稻田大学开发的 TWENDY-ONE、法国国家科学研究中心的 BAZAR 等。根据以上展示的比较有代表性的复合机器人平台可知，它在硬件结构上主要由机械臂、移动底盘（加躯干）、末端执行器、视觉系统四部分组成。下面将对以上复合机器人平台各个子系统的异同及优缺点进行总结。

（1）机械臂

在复合机器人诞生之初，其采用的机械臂为传统的工业机械臂，此类机械臂具有运动速度快、定位精度高、额定负载大的优势；但同时也存在质量大、安全系数低等缺点，因此此类机械臂不适宜在有人活动的区域中应用。随着工业生产和社会服务发展过程中对灵活性的需求越来越高，人机共融与协作成为机器人技术未来的发展方向。在人机协作应用中，保障人的安全是第一位的。为提高复合机器人的安全属性，近年来，采用协作机械臂代替传统的工业机械臂成为复合机器人平台的发展趋势。协作机械臂为保证人机协作的安全性，其机械结构设计通常秉持着轻量化设计的理念，甚至引入柔性关节，相比传统工业机械臂具有更高的负重比，并且具备碰撞检测等安全功能。此外，为了尽可能保证人的安全，协作机械臂的运动速度往往处于比较低的水平。根据协作机械臂感知外力的方式，还可以将它进一步细分：第一种复合机器人所装载的协作机械臂基于电动机电流实现外力检测；第二种复合机器人所安装的协作机械臂基于连杆侧关节力矩传感器进行外力检测。前者通过电流估计外力，其碰撞检测精度较低，并且无法对电动机侧静摩擦力进行准确补偿，因此其关节反向驱动性差。此类协作机械臂多是基于位置或者速度控制，为了具备主动柔顺控制效果，只能通过导纳控制方式（输入外部接触力，输出位移或速度）实现，并且需要在机器人末端额外安装六维力矩传感器以获取末端接触力信息。而对于后者，基于连杆侧力矩传感器进行外力检测的协作机器人有效避免了关节电动机侧静摩擦力及其他非线性动力学补偿的问题，可表现出优异的反向驱动性，进而实现精确的外力感知。并且，关节力矩传感器的引入使机器人关节实现连杆侧力矩闭环控制成为可能，这为阻抗控制（输入位移误差，输出关节力矩）的实现奠定了硬件基础。此外，虽然导纳控制方法也可以表现出主动柔顺特性，但受限于位置或速度控制器有限的指令带宽，且无法如阻抗控制一样使机器人表现出充分的柔顺特性。

（2）移动底盘

移动底盘的结构决定了复合机器人的移动灵活性。用于家庭服务的复合机器人往往采用双轮驱动差速底盘形式，后轮（或前轮）布置为双轮差速驱动系统，前轮（或后轮）采用一个或两个被动万向角轮维持平衡。还有一些复合机器人采用四轮驱动差速底盘，四轮驱动比双轮驱动更能够提供强劲的动力，同时不可避免地会出现车轮滑移现象。以上两类移动底盘由于其轮系驱动结构存在非完整约束，在任意瞬时时刻，移动底盘的运动自由度仅为2，导致其灵活性相对较差，给其路径规划和运动控制带来不便。为了避免以上两类移动底盘存在的非完整约束问题，由万向轮驱动的移动底盘越来越多地被应用。小滚子轴线与轮子轴线成45°角的万向轮被称为麦克纳姆轮，一般在移动底盘上成"米"字形布置，如 KUKA KMR iiwa 平台的底盘、新松 HSCR 平台的底盘等；小滚子轴线与轮子轴线成90°角布置的万向轮称为瑞士轮，可被布置为三轮或者四轮结构，其中 TWENDY-ONE 复合机器人应用的就是此类型的万向轮。以上两种万向轮均不存在非完整约束的问题，在任意瞬时时刻，均能产生3个独立方向的运动。波士顿动力开发的 Stretch 平台的移动底盘也不存在非完整约束的问题，但它并没有采用万向轮，而是采用的舵轮，每个舵轮均由两个电动机驱动，一个控制轮子转速，另外一个控制轮子转动的前进方向。除此之外，为应对更为复杂的地形环境以及提供更大程度的灵活性，某些复合机器人应用了定制的轮腿组合式移动底盘，如德宇航的 Rollin's Justin，它可根据应用需求实现四轮支撑范围的调整，当需要通过狭窄空间时，将四轮支撑范围收窄，提高其通过性；当需要提供更好的支撑时，将四轮支撑范围扩宽，提高其稳定性。

除以上两个主要子系统外，复合机器人比较重要的子系统还有末端执行器与视觉系统。应用于工业生产的复合机器人一般需要根据应用配备相应的末端执行器；应用于家庭服务的复合机器人多配备二指或三指抓手；而在研究领域，多配备仿生多指机械手，如 DLR 的 Rollin's Justin 配备的 Hand II 等。为实现目标检测与定位，以提高复合机器人系统的自主性与智能性，复合机器人往往需要配备双目视觉传感器，如 Rollin's Justin、ARMAR-6、TWENDY-ONE 等平台。

2. 复合机器人的控制模式与控制结构

在移动操作应用中，按照任务需求，复合机器人的运动控制模式可分为如下三种类型：

1）第1类车臂运动。移动底盘和机械臂按照预定顺序依次执行相应动作，通常由移动底盘首先运动到合适位置，然后机械臂在移动底盘静止不动的情况下完成操作任务。

2）第 2 类车臂运动。机械臂末端执行器连续执行相应动作，移动底盘无指定动作要求，满足所需的运动约束即可。

3）第 3 类车臂运动。机械臂末端执行器和移动底盘需同时完成相应动作。

复合机器人的控制结构主要分为两类：① 将机械臂和移动底盘看作是两个独立的组成部分，分别建模，单独控制；② 将机械臂和移动底盘认为是一个统一整体，进行一体化建模、整体控制。移动底盘和机械臂往往有各自的控制系统，甚至存在两者控制接口不统一的情况，因此在复合机器人的早期研究中，通常将两者视为独立的子系统。虽然两者独立的控制方式大大简化了复合机器人的建模与控制方式，能够满足第 1 类车臂运动需求，但面对要求车臂具有协同运动的第 2、3 类车臂运动需求时，独立的控制方式忽略了车臂运动的耦合特性，导致两者运动难以统筹与协调，运动规划与执行过程复杂、低效，最终导致独立的控制结构难以实现令人满意的车臂协同运动效果。同时，移动底盘和机械臂独立建模也难以有效利用复合机器人高冗余自由度的优势。随着研究的不断深入以及复合机器人硬件平台的发展，国内外相关学者逐渐将复合机器人的研究重心聚焦于车臂一体化建模与控制上。基于车臂一体化建模进行复合机器人的移动操作控制能够降低车臂协同运动任务中车臂运动规划的复杂程度，在一体化建模的基础上，采用操作空间控制方法，可以将任务的规划聚焦于机械臂末端执行器的运动。同时，在一体化建模与控制方法下，将移动底盘的自由度视为机械臂自由度的扩展，组成的车臂一体高冗余自由度系统可为操作任务的执行提供最大的灵活性。最后，独立控制结构和整体控制结构的优劣势总结见表 10-1。

表 10-1　独立控制结构和整体控制结构的优劣势总结

控制结构	优势	劣势
独立控制结构	车臂控制指令解耦 开发相对简单 相对节省时间	臂运动受车运动的影响 难以实现车臂协同运动 任务轨迹规划相对复杂
整体控制结构	容易实现车臂协同运动 相对更多的冗余自由度 任务轨迹规划相对简单	需考虑车臂动力学耦合 车臂不同的控制接口 移动底盘无法直接控制

10.3　复合机器人车臂协同控制技术

（1）基于独立控制结构实现车臂协同运动

车臂运动轨迹离线规划是在独立控制结构之下实现复合机器人车臂协同运动的主要方式。在离线规划时，对于两者的运动耦合问题，主要考虑移动底盘运动对机械臂末端执行器运动的影响。在车臂独立控制的情况下，往往需要先对机械臂末端执行器的轨迹进行规划，然后根据相关准则进行移动底盘运动轨迹的规划。Nagatani 等针对车臂协同运动轨迹规划问题，提出了在已知末端执行器轨迹的情况下，以保证机械臂的可操作度为优化准则，确定移动底盘的运动规划。Carriker 等将复合机器人的车臂协同轨迹规划问题描述为一般的非线性优化问题，任务空间的点到点运动被加权分解为移动底盘运动以及机械臂运动，由于该非线性问题非凸，他们提出采用启发式算法以获得全局最优解。Huang Qiang 等基于防止复合机器人倾覆和保证机械臂操作指标为优化准则，研究了车臂协同运动规划问题，根据复合机器人末端执行器期望轨迹，提出以保证机械臂处于其自身工作空间为约束条件，进行移动底盘运动轨迹的规划，通过保证加速度最小来减小移动底盘倾覆的可能性，在此基础上对机械臂的运动进行规划，以尽可能减小移动底盘倾覆的可能性为约束条件，同时利用机械臂的冗余自由度优化机械臂构型。然而，以上车臂协同运动离线规划方法只适用于已知复合机器人末端执行器运动轨迹的情况。Yamamoto 等对复合机器人在独立控制结构下的实时车臂协同运动控制问题进行了研究，他们假设机械臂的末端执行器可由人自由拖动，即机械臂末端执行器运动未知，根据机械臂的可操作度指标，事先确定机械臂的理想构型及在理想构型下，其工具中心点（Tool Center Point，TCP）在移动底盘局部坐标系下的位置，以该位置作为移动底盘运动控制的期望位置，通过计算机械臂 TCP 在移动底盘局部坐标系下的实时位置与期望位置的误差并经过负反馈控制产生移动底盘的控制指令，实现机械臂在被人自由拖动情况下的车臂协同运动。Phan 等对复合机器人用于大型零件焊接的控制问题进行了研究，在焊接过程中，安装在复合机器人末端的焊枪需以恒定运动速度和焊接角度经过焊缝，而移动底盘的运动满足相关约束即可，并未完全限定其运动轨迹。在该研究中，机械臂的控制以满足焊接过程中对焊枪运动轨迹的需求为目标，移动底盘的控制采用该研究提出的方法，仿真和实验结果证明了该方法的有效性。尽管通过以上方法可以实现一定程度的车臂协同运动，但只限于应用在机械臂处于零力控制或者位置、速度控制模式下，无法满足对复合机器人产生车臂协同主动柔顺及展现一定阻抗特性的控制要求。国内相关学者基于车臂独立控制结构也进行了车臂协同运动规划的研究。杜滨等在全方位移动底盘和 7 自由度机械臂组成的复合机器人上，基于车臂独立的控制结构，开展了车臂协调运动规划的研究。史先鹏等对模块化复合机器人的运动规划与控制问题进行了研究，其采取"运动学层面协调规划，动力学层面分布控制"的规划控制策略，提出了一种面向任务的冗余复合机器人运动规划方法。达兴鹏等基于车臂独立的控制结构对复合机器人协调及末端跟踪控制等技术进行了研究，提出了基于机械臂的可操作度指标区域进行移动底盘协同调整的策略，同时为了避免移动底座运动对机械臂末端运动产生影响，将移动底座的速度信息以前馈的方式加入到控制回路中。Zhang Heng 等指出复合机器人工作在前文所述的车臂串行运动控制模式下存在时间利用率低的缺点，他们在车臂运动分别规划的基础上，提出一种基于任务优先级进行车臂协同运动规划的方法。Liao Jianfeng 等将复合机器人的轨迹规划建模为优化问题，除了考虑复合机器人的冗余自由度，还考虑了避免碰撞以及关节限位等运动约束，通过建立复合机器人整体运动学模型、简化、优化问题求解过程，并通过仿真和实验证明了该方法的有效性。可以看出，国内的相关研究更多地聚焦于通过离线规划的方式实现车臂运动的协同。

（2）基于整体控制结构实现车臂协同运动

虽然将复合机器人划分为两个独立的子系统会降低控制与开发的难度，但将两者看作是统一的整体，深入整合移动底盘的移动能力和机械臂的操作能力可以实现更高效的车臂协同运动。不同于独立控制结构，基于车臂一体化建模的整体控制方法具有实现车臂协同运动的先天优势，可以将控制目标根据车臂一体化模型进行求解，同时产生机械臂和移动底盘的控制指令，实现复合机器人车臂协同运动。Seraji 等将移动底盘和机械臂作为一个整体考虑，采取一体化建模方法，通过在末端执行器运动控制基础上增加额外任务的方式对系统冗余自由度进行求解，实现了车臂运动的协同，在单自由度移动底盘和 3 自由度机械臂构成的复合机器人上进行了仿真。此后，研究者进一步将该方法扩展到差速驱动的移动底盘上进行验证。Li Manting 等研究了速度控制的复合机器人的车臂协同运动控制问题，将末端执行器轨迹跟踪、机械臂可操作度优化、避免碰撞等不同的控制任务划分为不同的优先级，并将低优先级任务的控制映射到高优先级任务的零空间，保证低优先级任务的执行不影响高优先级任务，实验证明该方法是速度控制的复合机器人车臂协同运动的有效方式。Merkt 等研究了由全向移动底盘和协作机械臂构成的复合机器人的整体控制问题，将复合机器人的控制问题描述为考虑线性和非线性的等式、不等式约束的非线性优化问题，并以复合机器人实现类似鸡头稳定效应的运动为例，对其提出的控制方法进行了验证，实现了期望的车臂协同运动。Dietrich 等基于车臂一体化建模技术，在基于力矩控制的 Rollin's Justin 双臂人形复合机器人上实现了车臂协同控制，并且在任务空间的零空间考虑了避免碰撞、关节限位等运动约束，最终实现了机械臂、躯干以及移动底盘的自然运动分配。然而，在一个零空间同时考虑多个运动约束，可能存在约束之间的冲突问题。为避免此问题，Dietrich 等进一步提出了更多层任务优先级的控制方式，以保证在每个零空间只针对一个运动约束目标进行优化，并且合理安排各个运动约束的优先级，从而建立多层级结构的车臂协同控制方法。

国内相关学者基于车臂整体控制结构也进行了车臂协同运动控制的研究。宋佐时等基于车臂一体化建模对复合机器人的车臂协同控制问题进行了研究，针对移动底盘存在非完整约束的特点，研究了基于滑模控制的非完整动力学系统的轨迹跟踪控制问题；针对复合机器人中存在的不确定性，研究了模糊自适应控制方法。李玮等对复合机器人同时移动与作业的运动规划方法进行了研究，提出了基于整体雅克比矩阵进行视觉伺服控制的方法、基于迭代优化和凸优化的路径轨迹规划方法以及任务约束下复合机器人的动态避障控制方法，实现了复合机器人边走边作业的功能，并取得了良好的应用效果。

10.4　复合机器人主动柔顺控制技术

主动柔顺控制是使复合机器人具备物理交互能力的重要途径。实现机器人主动柔顺控制的方法主要有阻抗控制和导纳控制两种。阻抗控制的概念最早由 Neville Hogan 在 1984 年提出，其控制输入为期望位置，所需反馈数据为机器人实际位置和速度，控制输出为关节控制力矩。导纳控制与阻抗控制结构相反，其控制输入为初始期望位置（速度），所需反馈数据为机器人与外界环境的相互作用力，控制输出为机器人实际期望位置（速度），最终基于位置（速度）控制器实现该实际期望位置（速度）的跟踪。阻抗控制与导纳控制各有优势。阻抗控制是基于力的柔顺控制方法，要求机器人具备良好的关节力矩闭环控制性能，同时为实现较为准确的阻抗关系，需获得相对精确的机器人动力学模型。而导纳控制是基于位置（速度）的柔顺控制方法，仅要求底层的位置（速度）控制器具有良好的伺服跟踪特性就可以实现较为精确的导纳关系。因为传统工业机器人一般已经具备了位置（速度）闭环控制功能，因此相对来说导纳控制更易于实现。但导纳控制存在的较为明显的缺点，即存在柔顺特性上限。将导纳控制应用于高柔顺特性要求的应用中，微小的外力反馈的改变都将导致实际期望位置（速度）的大幅度改变，其控制效果取决于具体的导纳参数的设置，当位置（速度）变化速度超过底层位置（速度）控制器能响应的指令带宽时，导纳控制的柔顺控制效果将远远低于预期，甚至导致系统失稳。而阻抗控制是直接基于力的控制，所以不存在该问题，甚至可以将阻抗参数设置为零，即机器人处于完全柔顺状态。但阻抗控制的实现要求机器人具备良好的关节力矩闭环控制性能，而机器人关节复杂的非线性动力学特性，如摩擦、关节柔性、齿隙等，为阻抗控制的实现带来了阻碍。尽管阻抗控制与导纳控制有各自的缺点，但两者均已在新一代协作机械臂上得到应用，并且已经从实验室走入工业生产现场。目前，在复合机器人上通过阻抗控制或者导纳控制实现全身主动柔顺控制的研究，还处于实验室研究阶段。

多数移动底盘和机械臂的控制是基于位置和速度的，在这种情况下，导纳控制结构更易于实现。Navarro 等在 BAZAR 双臂复合机器人平台上对人和机器人进行物理交互协作的问题进行了研究，使用了导纳控制的一种特殊形式，仅在导纳关系中考虑阻尼的影响，忽略惯量和刚度项，导纳关系输出的速度通过 BAZAR 双臂复合机器人平台的整体运动控制器来实现。Nakanishi 等基于面向家庭服务的 HSR 复合机器人平台，根据机械臂腕关节处的力矩传感器反馈以及导纳控制公式，计算出机械臂末端执行器期望位置，然后通过能够有效避免奇异的逆运动学算法计算得到机械臂和移动底盘的关节角度，实现全身导纳控制。Xing Hongjun 等基于四轮全向移动底盘和 7 自由度 Kinova 机械臂开发了用于辅助老人行走的复合机器人系统，为实现它与人的主动柔顺交互，在各个位置方向上实现了导纳控制，为避免使用六维力矩传感器，该研究通过一个非线性干扰观测器对人手施加的力进行估计。另外，对于力矩控制的复合机器人，可采用车臂全状态笛卡儿阻抗控制的方式来实现车臂协同主动柔顺控制。全身主动柔顺控制的概念起源于人形机器人控制领域的研究，Sentis 等基于任务空间控制对基于力矩控制的人形机器人的全身控制方法进行了研究，将人形机器人的控制划分为不同的控制基元群，每个控制基元群包含属性相同的一类控制基元，如约束基元群包括接触、关节限位、避免碰撞等约束控制；任务基元群包含手部控制、头部控制，脚部控制等任务控制；姿态基元群包含臀部高度、上身旋转、身体对称、能量最小等姿态控制。所有的控制基元可根据需求设计为阻抗控制或者力位混合控制。由于腿式人形机器人结构复杂，建立准确的全身动力学模型、基于关节力矩进行控制相对难度较大，Sentis 等提出的全身主动柔顺控制方法首次在机器人硬件上实现便出现在人形轮式复合机器人 Rollin's Justin 上。Rollin's Justin 主要由两个 7 自由度基于力矩控制的轻量化协作机械臂和一个可调步幅基于速度控制的移动底盘组成。由于全身柔顺控制理论的提出针对的是关节力矩控制的机器人系统，而 Rollin's Justin 的移动底盘采用的是速度控制接口，为解决由控制接口不同带来的问题，Dietrich 等提出通过在移动底盘速度接口的基础上叠加导纳控制器的方式将移动底盘的控制接口转化为力矩控制接口，并在此基础上构建全状态笛卡儿阻抗控制器，实现了机械臂末端与外界环境接触时的车臂协同主动柔顺控制效果。虽然导纳控制器的嵌入弥补了控制接口的差异，但由于底盘底层是速度控制，并不像基于力矩控制的机械臂一样可被反向驱动，所以移动底盘与外界环境接触时无法展现出柔顺特性。Bussmann 等在用于星球探测的复合机器人平台月球漫游者（Lunar Rover Unit，LRU）上开发了全身笛卡儿阻抗控制，并且 LRU 的移动底盘采用了力矩控制方式，不再需要嵌入导纳控制接口，实现了真正意义上的全身主动柔顺控制。Sentis 等提出的控制方法同样被用于全身基于力矩控制的复合机器人平台，对该平台在非平面上的运动控制表现进行了实验验证，通过理论分析证明了控制系统的稳定性。

除了以上两种主要方式可实现复合机器人主动柔顺控制，Prats 等在 ARMAR-Ⅲ 双臂复合机器人平台上，通过力控方式实现了它与外界环境进行物理交互时的主动柔顺控制。Dean 等在全向移动底盘双臂复合机器人上，基于电子皮肤传感器获得的触觉信息设计了机械臂主动柔顺控制方法。Vogel 等在复合机器人的另一种形式，即由轮椅与协作机械臂 LWRⅢ组成的辅助机器人轮椅 EDAN 上，基于笛卡儿阻抗控制实现了机械臂的主动柔顺控制，在此基础上定义了机械臂在其基坐标系工作的虚拟边界，并根据机械臂末端执行器与虚拟边界的距离及定义的轮椅表现刚度，产生驱动轮椅运动的控制力矩，从而实现车臂运动的协同以及主动柔顺控制。

　　由以上分析可知，对于复合机器人的整体主动柔顺控制研究，国内外学者在理论和实践方面均取得了一定的研究成果。其中，DLR 的研究人员围绕 Rollin's Justin 双臂人形复合机器人平台进行的车臂协同主动柔顺控制研究，可以说是最具代表性的。

第 11 章

协作机器人在航空航天领域的应用

协作机器人是一种与人在共同工作空间中进行近距离互动的机器人。大部分传统工业机器人在生产线自动作业或是安装在防护网中被人引导作业；协作机器人的工作方式则不同，除可自动作业外，它还能和人近距离接触，同时，协作机器人装备有视觉、触觉等传感器，能够更可靠、更安全、更便捷地进行编程操作，因此可以更好地应用到生产生活的各个领域，与人协同工作，提升整体工作效率。

随着协作机器人在生产生活中的广泛应用，其特点也逐渐被熟知，主要体现在以下几个方面：

1）轻量化设计。协作机器人的本体质量一般控制在 15～50kg 范围内，使机器人更便于被运输、安装、调试及控制，进而提高其使用安全性。

2）人性化设计。机器人的表面和关节都采用光滑且平整的设计，无尖锐的直角或者易夹伤操作人员的缝隙，使它与人协同工作时具有友好性。

3）超强感知能力。为确保人机协同工作的安全性，协作机器人通过传感器检测和软件控制来感知周围的环境，并根据环境的变化改变自身的动作行为。

4）人与机器人协同工作。安全是人机协作的前提条件，协作机器人多采用多传感器融合信息技术，具备敏感的反馈特性，当达到已设定值时会立即停止，并且多数机器人采用双重安全监测，使人和机器人能安全地协同工作。

5）编程更加便利。可采用拖动进行示教编程，一些普通操作者和非技术背景的人员也能非常容易进行编程与调试。

11.1 协作机器人在航空制造领域的应用

航空制造的产品对象复杂，其过程是高精尖技术密集的复杂过程，要实现完全的自动化作业具有相当的难度，需要巨大的资金投入。以飞机装配为例，由于其外形复杂、零部件数量巨大、协调关系复杂，导致其装配过程与方法有别于一般的机械产品，因此，采用先进制造技术、自动化装备与生产线对于保证飞机装配质量、提高装配效率具有重要意义。然而飞机产品种类繁多、生产量较小、装配工况复杂，实现完全自动化的装配作业不仅经济性差，而且技术难度很大。柔性的、人机协同的装配过程与设备可提供一种综合效果更佳的解决方案，而协作机器人在航空制造中的应用就是这种解决方案的体现。

将协作机器人融入人类作业环境实现人机协同作业，就是要充分利用其各自的长处，由人类负责完成对柔性、触觉、灵活性要求比较高的工序，而机器人则利用其快速、准确、恶劣环境工作能力强的特点来负责完成重复性的工作。通过人机协作，保证作业质量，改善人员作业的舒适性，实现人机协同的安全、柔性、高效的作业，解决传统工业机器人难以应对的低成本、高效率、柔性化、复杂作业自动化的应用需求。

航空制造无论在制造技术还是生产组织方面都具有非常复杂的过程，在现有工艺和技术条件下，要实现完全的自动化作业，难度很大，特别是在小批量生产中，实现完全的自动化将会导致过高的生产成本。因此，很多复杂的制造过程，如飞机装配仍然是由技艺娴熟的操作人员完成的。这就不可避免地出现操作人员在狭小、重载、噪声、振动、异味等恶劣环境中工作带来的工效学问题，显著降低了操作人员的工作效率，而协作机器人是解决该问题的有效途径。为此，各大飞机制造公司纷纷在其未来发展规划中提出了协作机器人研究计划，研究人员也结合航空制造，特别是复杂的飞机装配实例探索人机协同装配的方法与技术。

1. 协作机器人研究计划

空客公司于 2014 年发布了未来工厂计划（Factory of the Future），并通过视频展示了由前沿科技武装的空客未来工厂制造一架飞机的全过程，让人眼前一亮。针对飞机机身内部难以进行人工装配的非工效学区域，设计了一台移动式协作机器人与操作人员共享作业空间，并通过人工遥操作示教方式完成作业任务。此外，空客公司未来工厂计划启动了另一项名为"飞机装配的未来探索（FUTURASSY）"项目，该项目旨在提高飞机装配的自动化程度，探索设计一款具有双臂的人形协作机器人，在装配生产线上与人肩并肩地进行铆接工作，共享现场工具和资源。该双臂机器人由日本川田工业株式会社（Kawada）研发，拟用于 A380 方向舵的组装。

空客公司的未来工厂计划以及协作机器人在飞机装配中的应用研究实例展示了协作机器人的安全、高效和易用特性，以及它在航空制造中的潜在应用前景。目前的协作机器人产业虽然发展迅速，但协作机器人在航空制造中的应用还处于概念开发和应用探索阶段，真正的工业应用还需结合制造工艺流程和生产现场工况进行深入细致的应用开发。同时，还应结合协作机器人特点，进一步探索协作机器人在航空制造中新的应用领域。协作机器人将与传统的工业机器人及自动化设备一起提升航空制造的质量、效率和柔性。

未来协作机器人的研究应在强化安全保证、自然人机交互和高效操作的基础上，探索提高协作机器人认知技能和自主操作能力的理论方法和技术，使协作机器人不仅能成为减轻工人劳动强度、提高工序作业能力的工具，而且能降低对工人技术水平的要求，通过人机协作更好地完成复杂工况下的复杂任务。

2. 人机协作技术应用于航空装配

人机协作是指人与机器人在共享工作空间中协同作业，共同完成操作任务，从而达到减轻劳动强度，提高生产效率的目的。不同于传统操作人员单向控制机器人，人机协作过程中的机器设备会反馈载荷、位置和力觉等相关信息，再根据操作人员的判断、决策指导机器人操作，从而实现人与机器人的交互作业。人机协作技术充分发挥了机器人与操作人员各自的优势，在保证作业精度和效率的前提下，可以进一步提升操作安全性、避免意外事故发生，因此在航空零部件装配作业中具有广泛的应用。

早期航空装配作业主要依靠工人手工完成，存在操作空间小、劳动强度大以及工作环境恶劣等诸多问题。针对上述问题，自"工业4.0"和"智能制造"等相关概念被提出后，国外先进飞机制造企业率先开展了人机协作技术在航空零部件装配领域的应用研究。

早在2012年，欧盟就通过欧洲开放机器人发展清算所（European Clearing House for Open Robotics Development，ECHORD）项目资助了人机协作技术在小型客机关键部件装配中的应用开发，通过在重载机器人末端加装高精度力传感器，完成了操作人员手动引导机器人进行工件抓取和搬运定位的操作，并在小批量生产环节实现了飞机零部件无夹具组装的人机协同作业。

通过人机协同抓取、搬运、定位和装配大尺寸重型工件这一作业方式，能够大幅减轻操作人员的劳动强度，同时提高作业过程的安全性和可靠性。操作人员在外部高精度测量系统的辅助下，能够精确获取工件的实际位置，机器人则可以根据工件位置自主规划运动路径，并在操作人员的协同控制下完成最终位置的移动定位，从而实现工件的高精度装配。

近年来，国内一些学者提出了利用力觉交互控制来辅助航空零部件装配的人机协作新应用。在此类人机交互操作中，机器人与待装配零部件之间安装有高精度的六维力传感器，可以感知零部件本身自重载荷及其与外界环境交互的作用力。因此，通过顺应控制算法可以识别得到待装配零部件的惯量信息、工人对工件的引导操作以及零件与装配体之间的相互作用，从而可以通过工人直接拖拽工件的方式，实现航空航天零部件的人机协作引导装配，在保证安全性的前提下，极大地提高了装配操作的便利性。

通过对比国内外的应用现状可以看到，国外的人机协作技术在航空装配领域的研究起步较早，而且已广泛应用于航空航天产品的实际装配工艺工程之中。相比而言，国内在相关领域的应用研究还停留在原型技术开发和初步工程验证阶段，相关技术的应用成熟度与国外先进航空航天企业相比，仍存在较大的差距，特别是在重载机器人、大量程传感器和力反馈操作系统等关键技术方面仍依赖国外器件。

11.2 协作机器人在航天制造领域的应用

随着中国航天事业的不断发展，尤其是近几年大型航天器的快速发展，传统的制造工艺模式已不能满足航天技术快速发展的需求，越来越多的工业自动化设备开始出现在航天器的生产制造工艺过程中。

北京卫星环境工程研究所的布仁等针对航天器大型部组件的安全、高效精确装配需求，提出了一种重载工业机械臂配合六维力传感器的航天大部件柔性力辅助装配方法。该方法通过在多个不同位姿下测量工件对机器人末端的不同载荷，可以精确标定得到工件的质量和质心位置等惯量信息。基于上述力交互顺应操作硬件，便可根据不同装配场景，灵活定义运动控制模式。如大范围快速移动时，可设定机械臂移动距离正比于载荷；而在小范围精密装配时，可以通过设定操作力阈值来精确控制机械臂的柔顺运动，从而避免由于误操作而导致的装配失败、产品或工件的损坏。此外，机器人多种控制模式之间可以灵活切换，有利于更好地服务人机协同作业，显著提高了航天器大型重载零组件的装配效率。

2020 年 11 月，由北京控制工程研究所建设的国内首条卫星推进系统总装生产线投入运营，该生产线在多个生产单元融入了机器人作业，涉及抓取、装配、检测等，减少了现场操作人员数量，降低了劳动强度，提高了生产率。该生产线每年可以满足 200 颗卫星推进系统配套能力。2021 年 5 月，我国首条小卫星智能生产线投入生产，标志着我国卫星进入批量化生产阶段。该生产线可年产 240 颗智能小卫星，可满足我国航天工程的基本需求，实现了从传统岛式生产到流水线式生产的转变，关键工艺环节全部由机器人代替，生产率提高了40% 以上。

由此可以看出，机器人在航天领域的应用越来越普遍和规模化。相比于工业机器人，协作机器人在航天领域的应用范围会更大。使用协作机器人进行航天器产品的生产制造，其优势有三方面：一是不影响现有生产布局，而且还可达到柔性化生产的需求；二是航天器产品的大部分生产工序都需要人工参与，进一步提升了人机协作的可行性；三是协作机器人编程操作简单，有助于降低航天器制造工艺成本。如在航天领域应用的电动阀门智能装配生产单元，采用协作机器人进行辅助装配，总占地面积为 1.2m×1.2m，大大降低了洁净厂房条件下部署的难度。

未来一段时期，中国航天将按照国家对航天强国建设的决策部署，加快推动空间科学、空间技术、空间应用全面发展，重点提升航天科技创新动力、经济社会发展支撑能力，积极开展更广泛的国际交流合作，重点推进月球探测、行星探测、载人航天、重型运载火箭、可重复使用天地往返运输系统、国家卫星互联网等重大工程。因此，机器人在航天领域的应用前景将更加广阔。单纯依靠人工作业的时代正逐渐远去，提高生产制造的自动化、智能化是航天技术发展的必然趋势。协作机器人具有独特的人机协作优势，可与航天器产品柔性化的制造需求完美结合，对提高航天器产品的生产率、产品质量、制造过程的可追溯性及降低生产制造成本等方面具有重要的促进作用。

11.3　协作机器人与空间在轨服务

除航天器生产制造过程外，协作机器人在空间在轨服务（On-Orbit Servicing，OOS）领域也得到了广泛的应用。

航天器空间在轨服务的概念可以追溯到 20 世纪 60 年代，当时的研究重点是提供必要的维护、维修、燃料加注、更换部件等服务，以延长航天器的寿命，并通过在轨组装扩大规模和功能。服务机器人使用推进剂转移技术延长轨道卫星的寿命和机器人燃料加注地面试验如图 11-1 和图 11-2 所示。在过去的几十年中，通过哈勃太空望远镜成功完成五次 OOS 任务，为空间在轨服务领域的技术进步作出了巨大贡献。在此过程中，它克服了巨大挑战，包括其主镜的初始缺陷维修以及与更换和升级其科学仪器相关的后续挑战。此外，在航天器 OOS 领域已经开展了许多项目，并在太空中成功运行。国际空间站的组装、ETS-VII 和轨道快车的服务验证，以及对未来应用（包括服务卫星和客户卫星，特别是大型空间系统）的详细研究，都可以证明这一点。

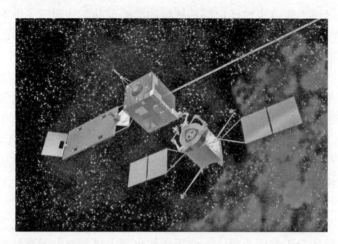

图 11-1　在轨服务机器人使用推进剂转移技术延长轨道卫星的寿命（概念图，来自 NASA⊖）

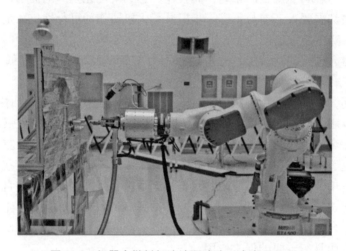

图 11-2　机器人燃料加注地面试验（来自 NASA）

11.3.1　国际空间站舱外工作机器人系统

国际空间站是目前协作机器人系统应用较多、较成功的领域，舱外配备了加拿大机械臂、日本实验舱机械臂、灵巧机械手等，舱内开展了机器人宇航员等机器人验证，形成了大中小多规格、舱内外全范围、工程应用与技术验证并重的立体化配置格局。

航天飞机遥操作机械臂（Shuttle Remote Manipulator System，SRMS）是世界上第一个实用的空间机械臂，由加拿大 MDA 公司研制，因此也被称为加拿大机械臂 Ⅰ（Cadanarm）。SRMS 在 1981 年的 STS-2 任务中首次被使用，在 1990 至 2002 年间实现了哈勃望远镜的多次在轨维修，在 1998 年的国际空间站完成了美国"团结号"节点舱与俄罗斯"曙光号"的首次组装任务。SRMS 主要用于物资搬运、辅助航天员出舱活动和航天飞机在轨检测等，其构型为 6 自由度 2-1-3 共线式布局，展开长度为 15.2m，最大在轨操作载荷为 26600kg，主要传

⊖　NASA 网址为：https://www.nasa.gov。

感器为闭路监控摄像机（Close-Circuit TeleVision，CCTV）相机，通过地面遥操作进行控制。

国际空间站移动服务系统（Mobile Servicing System，MSS）是国际空间站上最复杂的机器人系统，由移动基座系统（Mobile remote servicer Base System，MBS）、空间站遥控系统（Space Station Remote Manipulator System，SSRMS）机械臂、末端灵巧机械手（Special Purpose Dexterous Manipulator，SPDM）及移动传输器（Mobile Transporter，MT）4 个部分组成。MSS 的主要任务是辅助空间站在轨组装、大型负载搬运、在轨可替换单元（Orbital Replacement Unit，ORU）更换、航天员舱外活动辅助、空间站辅助维修等。

SSRMS 机械臂于 2001 年由宇航员在轨安装，7 自由度 3-1-3 构型形式，展开长度为 17.6m，末端定位精度为 65mm，最大在轨操作载荷为 116000kg。SSRMS 配置了 4 台相机，分别安装于肘部臂杆两端及末端两端。机械臂两端均安装锁合末端效应器，具备"尺蠖"式的跨步移动能力，可覆盖较大的工作范围。

SPDM 于 2008 年发射进入国际空间站，包含一个躯干和两个 7 自由度机械臂，展开长度约为 3m，末端定位精度可达到 13mm；末端安装载荷更换工具 OCM（ORU Change-out Mechanism），可配备多种不同类型的操作工具，具备开展一些精细操作的能力。

2011 年，NASA 和加拿大航天局利用 SPDM 合作开展了机器人燃料加注演示任务（Robotic Refueling Mission，RRM），实验中 SPDM 利用特制的 RRM 工具，演示了完整的卫星维修和燃料加注任务。

11.3.2　国际空间站舱内工作机器人系统

作为大型、载人的航天器，空间站为空间机器人演示验证提供了得天独厚的先天条件，目前包括 ROKVISS、Robonaut 2、Cimon、KIROBO、Skybot F-850 在内的机器人相继进入国际空间站开展了技术验证。

ROKVISS 机器人于 2004 年在国际空间站 ISS 上进行了飞行试验，ROKVISS 机器人包括两个关节、立体相机、控制器等。ROKVISS 机器人主要验证了 DLR 高集成度、模块化、轻量化关节，演示验证了自动控制、力反馈遥操作等不同控制模式。

2011 年，NASA 与通用公司联合研制的第二代机器人宇航员 R2（Robonaut 2）进入国际空间站，主要开展了任务面板上的操作验证，如图 11-3 所示。R2 在形体上具有头部、颈部、躯干、双臂、多指灵巧手等人类特征，全身共 42 个自由度，其中包括 3 自由度颈部、2

图 11-3　Robonaut 2 机器人宇航员（来源：NASA）

个 7 自由度的手臂、2 个 12 自由度的五指灵巧手以及 1 自由度腰部，可达到类人的工作能力；集成了视觉相机、红外相机、六维腕力传感器、接触力传感器、角度及位移传感器等 300 多个传感器，是典型多传感器集成的复杂系统。R2 在 2014 年配置了双腿，腿的末端配置扶手抓取工具，使之具备出舱服务移动能力。

Cimon 或西蒙（英文全称为 Crew Interactive Mobile Companion，中文意思为组员互动移动伴侣），是国际空间站中使用的头形人工智能机器人，该设备是一个基于人工智能的宇航员助手，由空中客车公司和 IBM 公司在德国航空航天中心的资助下开发。西蒙是一个可以飞的漂浮机器人，它的作用就是陪伴宇航员度过"枯燥"的太空生活，Cimon 机器人协助国际空间站的宇航员的场景如图 11-4 所示。

图 11-4　Cimon 机器人协助国际空间站的
宇航员的场景（来源：NASA）

2013 年 8 月，日本"鹳"号货运飞船搭载发射了小型机器人宇航员 KIROBO，其身高约为 34cm，重约 1kg，可以与人进行交流并且具有肢体语言，其主要任务是与国际空间站的日本宇航员对话、陪伴宇航员。

2019 年 8 月，俄罗斯联盟号飞船搭载人形机器人 Skybot F-850 并送至国际空间站。Skybot F-850 是具备四肢即双臂双腿的空间仿人机器人，具备模仿航天员作业的能力。在国际空间站约半月的测试中，Skybot F-850 测试了开启舱门、传递工具、模拟舱外活动等试验。

11.3.3　中国空间站机器人系统

中国非常重视空间机器人系统的研制，在空间站规划了大型、中型两套空间机械臂系统，也开展了空间机器人相关技术的在轨验证。

2016 年，天宫二号机械臂系统随天宫二号空间实验室发射入轨，天宫二号机械臂系统包括 6 自由度轻型机械臂和五指仿人灵巧手组成的仿人形机械臂本体、在轨遥操作人机接口、全局立体视觉模块等。在轨测试中，航天员与机械臂系统协同开展了动力学参数辨识、抓漂浮物体、与航天员握手、在轨维修等试验。在轨维修验证试验包括拆卸电连接器、撕开多层防护、旋拧电连接器、使用电动工具拧松螺钉以及在轨遥操作等。

中国空间站在建造阶段将配备核心舱机械臂、实验舱机械臂两套系统，用于空间站在轨辅助作业。核心舱机械臂主要用来完成空间站舱段转位与辅助对接、悬停飞行器捕获与辅助对接、支持航天员舱外活动等，天和核心舱机械臂和中国空间站核心舱机械臂系统如图 11-5、图 11-6 所示；实验舱机械臂主要用以暴露载荷照料、光学平台照料、载荷搬运、支持航天员舱外活动等，中国空间站实验舱机械臂系统如图 11-7 所示。

核心舱机械臂和实验舱机械臂展开长度分别约为 10m 和 5m，最大在轨载荷分别为 25000kg 和 3000kg，均具有 7 个自由度，转动关节的配置采用"肩 3+肘 1+腕 3"方案。肩部和腕部设置两个末端执行器，可实现"爬行"功能。两个机械臂可独立工作，也可协同工作，还可串联组成组合臂共同完成空间站的维修维护任务。

图 11-5　天和核心舱机械臂

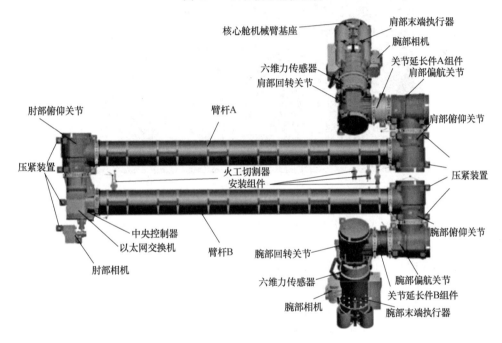

图 11-6　中国空间站核心舱机械臂系统

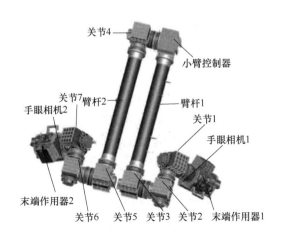

图 11-7　中国空间站实验舱机械臂系统

11.3.4 在轨自由飞行空间机器人应用进展

卫星及飞行器的在轨服务与维护是空间机器人后续应用的重点方向，目前虽尚未形成大规模成熟应用，但已开展了大量的在轨试验验证。该类机器人多属于自由飞行机器人的范畴，典型星载协作机械臂如图 11-8 所示。ROTEX 机械臂于 1993 年在哥伦比亚号航天飞机上进行了飞行演示。ROTEX 机械臂为 6 自由度，展开长度约为 1m，其手爪配置了六维力、触觉阵列、激光雷达、双目相机等传感器，完成了桁架装配、拔插电连接器、抓取浮动目标等试验任务，验证了宇航员在轨遥操作、地面遥操作、基于传感器的离线程序等操作模式。

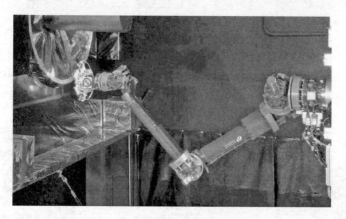

图 11-8　典型星载协作机械臂

机械臂飞行演示验证系统 MFD（Manipulator Flight Demonstration）于 1997 年在 "发现号" 航天飞机上成功进行了演示试验。MFD 机械臂为 6 自由度，展开长度为 1.5m，是日本实验舱机械臂 JEMRMS 上小精细臂（Small Fine Arm，SFA）的复制品。MFD 的主要作用是验证 SFA 性能，包括评估空间机械臂性能、评估空间机械臂控制系统人机接口的性能、ORU 安装与卸载、门的开关、地面遥操作演示试验等。

日本工程实验卫星 ETS-Ⅶ（Engineering Test Satellite-Ⅶ）所配备的机器人系统具有里程碑意义，该卫星于 1997 年发射，它是第一个舱外自由飞行空间机器人，具有地面遥操作和在轨自主控制的能力。ETS-Ⅶ的跟踪星上装有两套机器人实验系统，一套是 NASDA 研制的长 2m、6-DOF 的机械臂，装有单自由度末端效应器，用于对具有标准捕获接口的 ORU 等的操作；另一套是 MI-TI 研制的由 5-DOF 的机械臂和三指多传感器末端效应器组成的先进机械手（Advanced Robot Hand，ARH），总长为 0.7m。ETS-Ⅶ完成了机械臂漂浮物体抓取、ORU 更换和燃料补给、视觉监测、目标星操作与捕获等实验。

轨道快车（Orbital Express）计划是由 DARPA 组织的在轨服务体系演示计划，于 2007 年实施。轨道快车机械臂系统由加拿大 MDA 公司提供，展开长度为 3m，6 自由度，末端配置 "捕鼠夹" 式末端效应器，可夹持捕获探头适配器（RFA）。轨道快车项目在轨完成了自主组件交换、燃料补给、自主交会对接等任务。

中国运载火箭技术研究院研制了遨龙一号机械臂，于 2016 年 6 月随遨龙一号飞行器完成空间飞行演示试验。该空间机械臂具有 6 自由度，开展了空间碎片主动清除、非合作目标探测与抓捕实验。

11.3.5　空间机器人未来展望

空间机器人是实现空间操控自动化和智能化的使能手段之一。在当前在轨应用及验证的基础上，未来空间机器人的应用方向可简要概括为空间目标的抓捕与移除、高价值目标的在轨服务与维修、空间大型构件的在轨组装及星球探测等。在空间抓捕方面，空间机器人是抓捕操控的主要手段之一。在当前国内外在轨抓捕的计划和方案中，空间机器人系统均是其中的核心手段之一，如通用轨道修正航天器（Spacecraft for the Universal Modification of Orbits，SUMO）、用于空间系统演示和验证的技术卫星（Technology Satellite for Demonstration and Verification of Space Systems，TECSAS）计划等。利用在轨抓捕装置可针对运动状态和质量特性参数未知、行为不配合的非合作目标（如故障航天器、空间碎片）开展抓捕、拖曳及移除等操作。多臂机器人、变刚度机械臂、柔性机器人等类型的机器人在此类任务场景中具有较好的应用潜力。在高价值目标的近距离精细化维修维护方面，针对故障卫星的维修服务技术可对故障卫星实施维修救援，使它正常工作，可对航天器进行故障排除，以及升级、补给等维护，可有效延长航天器的在轨寿命或恢复航天器的功能，能够挽回巨大的经济损失并产生积极的社会影响。利用空间机器人可针对高价值空间目标开展精细化的维修维护，包括燃料补加、模块更换、物资运输、在轨维修、重构利用等，典型任务如 Restore-L 计划。超冗余灵巧机械臂、双臂或仿人机器人、模块化可重构机器人、多功能末端执行器、多指灵巧手等在此类任务场景中有较大的应用潜力。在大型构件的在轨组装方面，受火箭推力、整流罩包络及机构复杂度的影响，未来深空探测、天文观测、战略侦察等工程所需的大面积、大跨度空间结构一次性实现在轨部署有较大的难度。在轨组装可将单次、多次发射入轨的结构模块、功能模块等基本单元依序组装成期望的大型空间系统，具有结构效率高、扩展性强、可逐步升级等特性。空间机器人是大型空间结构、载荷、航天器在轨组装的主要手段之一，用以实现组装过程中的模块移动、连接、操作、调整等关键动作。

在星球探测方面，特别是在面向月球、火星等星球的探测活动中，机器人可在恶劣星表环境开展长时间、大范围的资源探测、环境探测、设施建设等任务；在后续载人星球探测活动中，机器人也可作为航天员感官和肢体的扩展和延伸，能显著提升航天员的工作效率和效能，在极端环境的预先探测、人机联合作业、科研站长期值守与维护方面发挥重要作用。针对上述任务场景，可发展仿生、可重构、轮足复合式等新型星表机器人。

空间机器人，包括轨道空间机器人与星表空间机器人，经历若干年的应用与验证，实现了以空间机械臂与星表巡视器为代表产品的在轨应用，具备了执行卫星在轨服务、星表科学探测等应用的技术基础。

为应对任务需求对空间机器人智能化、高精度、力柔顺、高安全性的要求，空间机器人还需在新型机构构型、轻量化柔顺关节、多功能灵巧末端执行器、高机动性自主行走移动、多通道感知认知、动力学与控制等方面开展进一步的基础研究和关键技术攻关。

第 12 章

协作机器人仿真实验

12.1 典型仿真平台

12.1.1 Gym

OpenAI 公司于 2016 年提出了 Gym，这是一个开源的 Python 库，提供了算法和环境之间进行通信的标准 API，并且附带一些标准环境便于开发和比较强化学习算法，如经典控制：平衡杆（cart-pole）（见图 12-1）、倒吊摆（pendulum）（见图 12-2）、过山车（mountain car）等。

图 12-1　平衡杆（cart-pole）

图 12-2　倒吊摆（pendulum）

Gym 接口定义了环境和算法之间的接口有 reset、step、render 等函数，各自规范了环境重置、环境单步运行、渲染等操作。其中起主要作用的是 step 函数，定义了算法对环境的输入动作（action），环境进而对算法返回新观测状态（observation）、单步奖励（reward）、回合完成标记（done）、额外信息（info）。这种规范性定义使得算法和环境解耦，算法跨环境运行更方便，推动了强化学习社区的发展。

Gym 的接口范式实质上已经成了强化学习领域的标准，许多强化学习框架库，如 Tian-shou、RLlib 及强化学习基准库 stable-baselines 3 都使用了 Gym 接口。2021 年，Gym 的未来开发迁移到 Gymnasium 库，对接口和标准环境也有一些调整。

Gym 使用一系列标准化的 API，在机器学习相关算法与实验或者仿真环境之间进行数据传递。同时它还提供了一组符合该类 API 的标准化的环境类，用于强化学习算法的程序开发。自发布以来，Gym 的 API 已成为实现这一目标的普遍标准范式。

12. 1. 2　MuJoCo

MuJoCo（Multi-Joint dynamics with Contact）由 Roboti LLC 于 2012 年开发，并于 2015 年至 2021 年作为商业产品提供。2021 年 10 月，DeepMind 收购了 MuJoCo，并在 Apache 2.0 许可下开源，还承诺将 MuJoCo 作为一个免费、开源、社区驱动的项目进行开发和维护。

MuJoCo 实质上是一个物理引擎，首次结合了广义坐标模拟和基于优化的接触动力学，使其运动相对精准且仿真速度较快，但接触力与现实未必能很好地对应。MuJoCo 是一款免费且开源的物理引擎，旨在促进机器人、生物力学、图形和动画等领域的研究和开发，以及需要快速准确模拟的其他领域。MuJoCo 提供了速度、准确性和建模能力的独特组合，旨在提高研究人员和开发人员的工作效率。MuJoCo 支持多种编程语言，如 Python、C++ 等。它还提供了多种接触方面的功能，如刚体动力学、碰撞检测、约束优化等。相比于此前的仿真引擎，MuJoCo 在接触方面使用了凸优化，这使得它具有物理模拟方面的高速度优势，但也可能伴随着一些接触失真的问题。此外，热门的机器人仿真包 robosuite、dm_control 也是基于 MuJoCo 的二次开发，增加了更多的包装和附加功能，如提供了搭建好的产品级机械臂仿真模型、逆运动学自动解析及一些自定义化的任务。这些附加的资源让 MuJoCo 内的仿真变得更加多样，也丰富了机器人学习的测试场景。这种二次开发包能够使机器人从业者快速上手机器人仿真，无须深入学习 MuJoCo 的仿真细节。图 12-3 所示为 Deep Mind Control Suite 典型任务集。

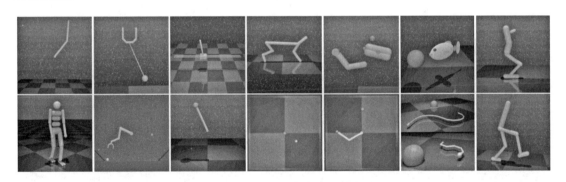

图 12-3　Deep Mind Control Suite 典型任务集

12. 1. 3　Isaac Sim

Isaac Sim 是 NVIDIA Omniverse 用于机器人仿真的子产品，使用 PhysX 物理引擎，2018 年在技术大会亮相，2021 年 6 月开始公测，至今仍在持续更新中。因为发布时间较晚，所以该软件采取了更现代的理念、更完善的架构、更广泛的接口，极大丰富了用户的使用体验。该软件是免费的，但安装需要机器具备 RTX 系列显卡。Isaac Sim 仿真架构界面如图 12-4 所示。

Isaac Sim 采用了用户友好的操作方式，用户可以通过 GUI 界面可视化地搭建机器人模型，支持从 urdf、mjcf 等格式导入；也可以通过 Python API 或 ROS（Robot Operating System）/ROS2 API 与仿真进行交互，实现自定义策略；此外，还提供了 REPLICATOR、CORTEX、OmniGraph、Lula 等工具，实现了域随机化、策略管理等高级功能。

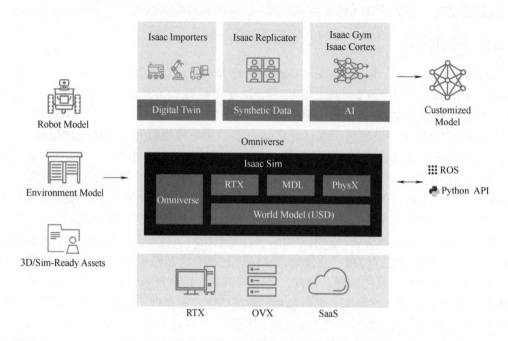

图 12-4　Isaac Sim 仿真架构

　　功能上，因为 Isaac Sim 具有关节传感器、接触力传感器、激光雷达、相机，因此主要支持轮式机器人和机械臂。Isaac Sim 提供的 Lula 工具可以使用 RMPFlow、RRT 算法进行机械臂路径规划，以及使用 urdf 进行逆运动学求解，更加方便机械臂的快速使用。Isaac Sim 界面如图 12-5 所示。

图 12-5　Isaac Sim 界面

12. 1. 4　PyBullet

PyBullet 相当于 Bullet Physics SDK 的 Python 接口，能够方便地调用 Bullet 功能用于物理模拟、机器人仿真和深度强化学习。PyBullet 仿真引擎在碰撞仿真方面具有比 MuJoCo 更高的精准性，因此采用 PyBullet 作为学习算法的仿真平台也可降低算法迁移到实物上的难度。PyBullet 可以从 urdf、sdf 或其他文件格式中加载关节式物体，这使得它可以利用大量社区资源，并且用户自定义的修改也很容易。PyBullet 还提供了前向动力学模拟、反向动力学计算、前向和反向运动学以及碰撞检测和射线交叉查询等多种常用功能。PyBullet 也可以与 Blender 等软件集成，以生成逼真的场景。图 12-6 所示为使用 PyBullet 建模的四足机器人仿真场景。

图 12-6　使用 PyBullet 建模的四足机器人仿真场景

12. 1. 5　CoppeliaSim

机器人模拟器 CoppeliaSim 具有集成开发环境和基于分布式的控制架构，每个对象、模型都可以通过嵌入式脚本、插件、ROS 节点、远程 API 客户端或自定义解决方案进行单独控制。这使得 CoppeliaSim 非常通用，是多机器人应用的理想选择。控制器可以用 C/C++、Python、Java、Lua、Matlab 或 Octave 进行编程。CoppeliaSim 集成了 Bullet、Ode 等多种物理仿真引擎，为机器人物理交互的仿真提供了有利的环境条件。

CoppeliaSim 内嵌多种成熟且通用的工业机器人，如 Panda、UR5、KUKA LBR iiwa R820 等，为工业成品机器人的二次使用开发提供了便利。CoppeliaSim 可用于快速算法开发、工厂自动化模拟、快速原型设计和验证、机器人相关教育、远程监控、安全双重检查、数字孪生等。

CoppeliaSim（由 v-rep 发展而来）是一个机器人仿真的集成开发平台，可以利用内嵌脚本、ROS 节点、远程 API 客户端等实现分布式的控制结构，是非常理想的机器人仿真建模的工具。其主要特点如下：

1）跨平台。官方提供的 CoppeliaSim 各版本可适用于 Windows、Linux、Mac 等不同平台，且一个单独的可移植文件可以包含一个完整的功能模型（或场景），包括控制代码，在不同的平台创造的工程可以方便地相互移植。

2）6种编程方式。CoppeliaSim 是一个高度可定制的仿真器，仿真的每个方面都可以定制。此外，仿真器本身可以定制和裁剪，以便完全按照预期运行。支持6种以上不同的编程或编码方法，包括嵌入式脚本（embedded scripts）、附加组件、插件、远程 API 客户端、ROS 节点、自定义用户接口，且它们都是相互兼容的。

3）7种编程语言。以上6种编程方式可以用7种编程语言实现，包括 Lua、C/C++、Java、JavaScript、Python、Matlab、Octave。

4）5种物理引擎。CoppeliaSim 支持以下5种物理引擎，即 MuJoCo、Bullet Physics、ODE、Newton 和 Vortex Dynamics，可以仿真实时的动力学，包括碰撞检测、柔性仿真等。

5）完整的运动学解算器，包括任何机构的正/逆运动学、轨迹规划、最短距离计算。碰撞检测和轨迹规划如图12-7所示。

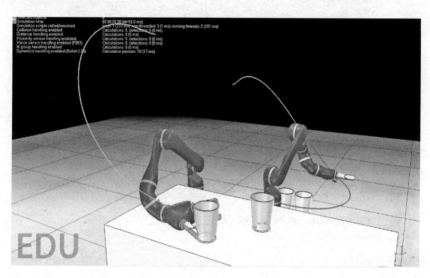

图 12-7　碰撞检测和轨迹规划

6）各种传感器，包括视觉传感器、距离传感器等，并可通过图像、曲线等可视化的方式表现。视觉传感器和可视化图像如图12-8所示。

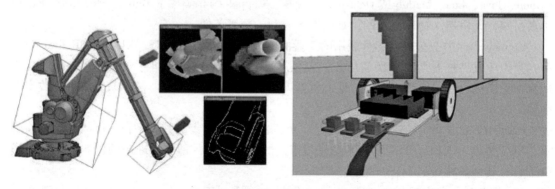

图 12-8　视觉传感器和可视化图像

7）人性化的操作界面。场景以树状的形式层次化表示，模型可使用鼠标拖放的方式放入场景中，且可以直接对模型进行平移、旋转等操作，也可导入自定义的模型，并支持对图形进行编辑。

12.2　仿真实验方法

12.2.1　协作机器人仿真

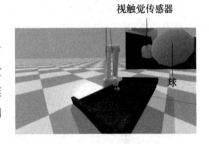

图 12-9　UR 机器人斜面推球仿真示意图

基于 PyBullet 仿真引擎构建高拟真度仿真，包含 UR5 机械臂、DIGIT 传感器、斜面平台等。构建算法验证性质的斜面推球任务，目标是将下端随机重置的球推到红色目标区域。UR 机器人斜面推球仿真示意如图 12-9所示。

12.2.2　协作机器人半实物仿真

为了验证相关方法在多机器人协同操作中的可行性，基于 Matlab、Simulink 仿真平台和商业力/触觉交互设备（Geomagic Touch）搭建了半物理仿真平台，其示意如图 12-10 所示，该仿真平台系统具有 3 自由度驱动关节和 3 自由度触控笔关节。在实验中，只需要读取驱动关节，与笔关节无关。整个半物理仿真校验平台由两部分组成：物理部分和虚拟部分。在物理部分，操作者操纵力、触觉设备并将位置信息发送给从端机器人系统，主端的操作人员起主导作用。同时，虚拟部分根据无源分解策略和双边协同控制算法，以及力位混合控制，对从端多个机器人的位置和力状态信息进行分配，生成相应的数据，并返回位置、力和估计值等状态信息，处理后的数据发送给物理部分的操作人员。在虚拟部分，用 3 个具有一定质量和 6 自由度的刚体代替从端多个机器人系统。此外，虚拟部分中有一个操作对象，与从端上的 3 个机器人（此时为搭建的刚体模块）紧密接触，无滑动摩擦产生。通过 Simulink 中的另一个 6 自由度（欧拉角）块（不考虑姿态角）来表示一个被操作对象，并假设它具有一定的形状。

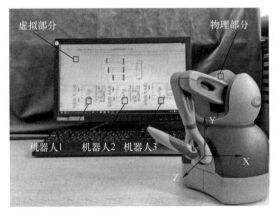

图 12-10　半物理仿真平台示意图

12.2.3 协作机器人实验

使用 KUKA LBR iiwa 协作机器人进行轴孔装配实验，如图 12-11 所示。采样和控制频率设置为 50Hz。销钉和孔之间存在 0.35mm 的过盈配合，这使得销钉孔插入操作非常困难。销钉和孔的材料是聚氨酯（PU），具有非常高的刚度。因此，销钉和孔之间的接触被视为刚性接触，通过几何约束模型进行描述。这个实验的目的是成功地将销钉插入圆孔中。首先，人类演示了机械臂执行轴孔插入任务，然后在自主插入任务中学习和利用了接触状态信息，特别是状态转换条件。

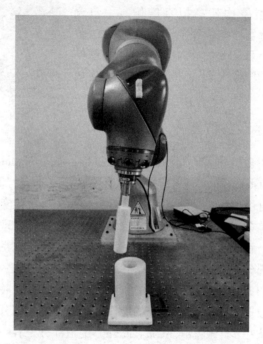

图 12-11　使用 KUKA LBR iiwa 协作机器人进行轴孔装配实验图

12.2.4 模拟到真实的迁移

策略在模拟器中基于域随机化数据进行训练，并转移到真实世界。其不依赖人工调整，而是自动学习调整模拟器的系统参数，通过仅使用来自真实世界的原始观察图像来生成最接近真实的轨迹，如图 12-12 所示。

图 12-12　仅使用来自真实世界的原始观察图像来生成最接近真实的轨迹

1. sim-to-real 方法

模拟环境对于训练智能体来说很有吸引力，因为它们提供了丰富的数据源，并减轻了训练过程中的某些安全问题的影响。但是，智能体在模拟环境中开发的行为通常是特定于模拟器的特性的。由于建模错误，在模拟环境中成功的策略可能不会转移到现实世界中的对应策略。存在一种弥补这种"现实差距"的简单方法，即通过在训练期间随机化模拟器的动态，制定能够适应不同动态的策略，包括那些与策略所依据的动态显著不同的策略。这种适应性使策略能够推广到现实世界的动态，而无须对物理系统进行任何训练。尽管只接受了模拟训练，但这些策略在部署到真实机器人上时仍能保持类似的性能水平，将对象从随机初始配置可靠地移动到所需位置。探讨各种设计决策的影响，并表明所得到的策略对显著的校准误差具有鲁棒性。

强化学习最近在多个机器人领域取得了巨大成功。由于收集真实世界数据的局限性，即样本收集效率低、成本高，故使用模拟环境来训练不同的代理。这不仅有助于提供潜在的无限数据源，还减轻了真实机器人的安全问题。尽管如此，一旦模型被转移到现实机器人中，模拟世界和现实世界之间的差距会降低策略的性能。因此，目前正在进行多项研究，以缩小这一模拟差距，实现更有效的策略转移。近年来，出现了适用于不同领域的多种方法，但缺乏对不同方法进行总结和分析的全面审查。本节将介绍深度强化学习中模拟到真实转换的基本背景，并概述目前使用的主要方法：域自适应、域随机化、策略与模型同步自适应、半sim-to-real 方法。其中，最常见的方法之一是域随机化，通过域随机化，模拟器的不同参数（如颜色、纹理、动力学等）被随机化以产生更稳健的策略。从模拟到真实（sim-to-real）转换过程的概念图如图 12-13 所示。

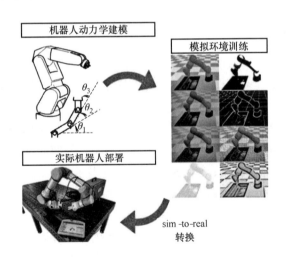

图 12-13　从模拟到真实转换过程的概念图

深度强化学习已被证明是解决大量复杂控制问题的有效框架。在模拟领域中，已经开发了智能体来执行各种挑战性的任务。不幸的是，模拟智能体所展示的许多功能往往没有被物理智能体实现。许多现代深度强化学习算法具有很高的样本复杂性，因此通常无法直接应用于物理系统。

除了样本复杂性之外，在现实世界中部署强化学习算法还引发了智能体及其周围环境的许多安全问题。由于探索是学习过程的一个关键组成部分，智能体有时会采取危及自身或环境的行动。在模拟环境中训练智能体是一种很有发展前景的方法，可以绕过其中的一些障碍。然而，将策略从模拟环境转移到现实世界需要克服"现实差距"，即模拟环境和现实世界环境之间的不匹配。缩小这一差距一直是机器人学的一个热门话题，因为它提供了应用强大算法的潜力，迄今为止，这些算法已被归入模拟领域。尽管在构建高保真度模拟器方面付出了大量努力，但使用低保真度模拟的动态随机化也可以是一种有效的方法，用于开发可以直接转移到现实世界的策略。该方法的有效性在一个对象推送任务上得到了证明，在该任务中，专门在模拟中训练的策略能够在不需要对物理系统进行额外训练的情况下成功地转移到真实机器人中执行任务。

（1）域自适应

将控制策略从模拟环境转移到现实世界的问题可以看作是域自适应的一个实例，其中在源域中训练的模型被转移到新的目标域。这些方法背后的一个关键假设是不同的领域具有共同的特征，因此在一个领域中学习到的表示和行为将证明对另一个领域有用。学习不变特征已成为利用这些共性的一种有前途的方法。Tzeng 和 Gupta 等探索了使用成对约束来鼓励网络学习来自标记为相似的不同域的样本的相似嵌入。Daftry 等采用了类似的方法，将控制飞行器的策略转移到不同的环境和车辆模型。在强化学习的背景下，通过鼓励代理在不同环境中采取类似行为，对抗性损失已被用于在不同模拟域之间转移策略，渐进网络也被用于将机械臂的策略从模拟环境转移到现实世界。通过使用在仿真中学习到的特征，上述方法能够显著减少物理系统所需的数据量。Christiano 等通过从真实世界数据中训练逆动力学模型，将策略从模拟环境转移到真实机器人上。尽管这些方法很有希望，但在训练过程中仍然需要来自目标域的数据。

（2）域随机化

域随机化是一类补充的自适应技术，特别适合于模拟。通过域随机化，源域和目标域之间的差异被建模为源域中的可变性。视觉领域的随机化已被用于将基于视觉的策略从模拟环境直接转移到现实世界，而无须在训练期间使用真实图像。Sadeghi 和 Levine 仅使用合成渲染场景为四旋翼训练了基于视觉的控制器，Tobin 等演示了基于图像的物体检测器的转移。与以往试图通过高保真渲染来弥补现实差距的方法不同，他们的系统仅使用低保真渲染，并通过随机化场景特征（如照明、纹理和相机放置）来模拟视觉外观的差异。除了随机化仿真的视觉特征之外，随机化动力学也被用于开发对系统动力学中的不确定性具有鲁棒性的控制器。Mordacch 等使用轨迹优化器来规划一系列动力学模型，以生成鲁棒的轨迹，然后在真实机器人上执行。他们的方法使达尔文机器人能够执行各种运动技能。但由于轨迹优化步骤的成本，规划是离线执行的。也有人提出了其他方法，如通过对抗性训练计划来制定稳健的政策。Yu 等训练了一个系统识别模块，用于明确预测感兴趣的参数，如质量和摩擦，然后将预测参数作为输入以计算适当的控制策略。虽然结果令人满意，但迄今为止，这些方法仅在不同模拟器之间的传输上进行了演示。

Antonova 等使用随机动力学将操纵策略从模拟环境转移到现实世界。通过随机化物理参数（如摩擦和延迟），他们能够在模拟中训练策略，以旋转夹持器所持的对象，然后将策略直接传递给 Baxter 机器人，而无须对物理系统进行额外的微调。然而，他们的策略是使用无记忆前馈网络建模的，尽管这些策略是稳健的，但缺乏内部状态，限制了前馈策略适应模拟环境和真实环境之间不匹配的能力。然而，基于记忆的策略能够在训练过程中应对更大的可变性，并能更好地推广到现实世界的动力学。与以前的策略不同，该策略能够适应显著的校准误差，因为它通常需要对模拟进行细致的校准，以与物理系统紧密一致。

（3）策略与模型同步自适应

由于模拟器无法准确捕捉真实世界的动态和视觉特性，因此在模拟环境中训练的策略在转移到现实世界时往往会失败。当前解决这一问题的方法，如域随机化，需要先验知识来确定随机化系统参数到何种程度，以便学习到一种对模拟到真实迁移过程鲁棒且不过于保守的策略。目前提出一种仅使用真实世界的原始 RGB 图像自动调整模拟器系统参数以匹配真实世界的方法，该方法无须定义奖励或估计状态，其关键是将参数的自动调整重新定义为一个搜索问题，在该问题中，可以迭代地更新模拟器系统参数以接近真实世界的系统参数。此外，还提出一种搜索参数模型（SPM），该模型在给定一系列观察和动作以及一组系统参数的情况下，可预测给定参数是否高于或低于用于生成观察的真实参数。在 sim-to-sim 和 sim-to-real 传输中评估了该方法在多个机器人控制任务中的性能，证明了它比朴素域随机化在迁移性能上有显著改进。

2. 半 sim-to-real 方法

常用的 sim-to-real 方法可分为域随机化和域自适应。属于域随机化类的算法使得智能体在模拟环境中探索的状态数量呈几何增长，这大大降低了算法的效率；属于域自适应类的算法效率更高，但它只适用于特定场景，并且很难转移到其他操作场景。总之，这两种方法都很难应用于复杂场景中的操作任务，因为操作任务环境的动力学是复杂的，并且很难确定哪些动态参数可以随机化。

随着仿真技术的发展，一些高精度仿真软件可以在接触仿真中获得更可靠的结果，因此操作人员可以在实际操作场景中使用一些仿真结果，对于仿真中不可靠的部分，可以在实际场景中不断训练相应的参数。通过比较相同条件下的仿真和实验结果，即结果的差值 f_e，专家可以计算参数的可信度，并且应修改 f_e 较大的阶段的参数。同时，通过比较结果 f_e 的置信度和差值阈值，进一步修改仿真环境中的一些参数。通过多次重复这些步骤，这些参数最终可以在实际操作场景中收敛到更优的结果。这种新颖的转移方法被称为半 sim-to-real（半模拟到真实转移）方法，其流程图如图 12-14 所示。该方法与基于规则的强化学习算法相结合，形成了一套完整的操作技能学习方法，可应用于多种操作场景。

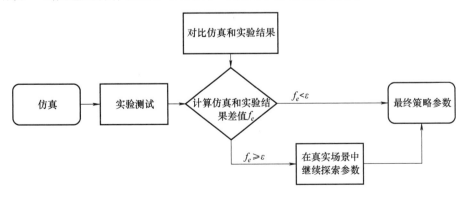

图 12-14　半 sim-to-real 方法流程图

12.3 典型应用场景

下面介绍协作机器人在遥操作领域的一个典型应用场景，机器人端由 KUKA iiwa 协作机器人、ZED 相机、Backyard 二指手爪、Gelsight mini 传感器等组成。机械臂能够使用二指手爪进行技能操作，同时还能够采集视觉、触觉等信息并反馈回操作端。操作端由 Force Dimension 手控器、数据手套、人机交互显示界面等组成，操作人员可以通过手控器、数据手套给远端的机器人发送控制指令，同时机器人端的视觉信息可以反馈回人机交互界面，触觉信息也可以反馈回手控器或者数据手套。协作机器人精细化遥操作系统如图 12-15 所示。

图 12-15 协作机器人精细化遥操作系统

第 13 章

协作机器人发展趋势

由于协作机器人具有安全性、易用性、灵活性和相对较低的系统集成成本等优点，使得它可以满足制造业中柔性加工的需求，并为大多数中小企业创造价值。因此，未来协作机器人的接受度将进一步提高，协作机器人的销量和市场规模将进一步扩大。目前，有充分的证据表明，制造业和服务业中的协作机器人市场需求正在快速增加。同时，过去几年中，关于该主题的研究范围也在迅速扩大。这表明，协作机器人能够实现机器技能与人类技能的最佳组合，而且在不久的将来，基于协作机器人的自动化很可能会成为人机交互的重要发展阶段。在工业 4.0 的发展过程中，协作机器人将在灵活性、小批量生产、安全性、易于学习和其他便利性方面显示出更加显著的优势。

与协作机器人在 3C 电子、汽车、家电、新能源、金属加工和其他行业应用得越来越广泛相伴而来的，将是制造业的应用将逐渐成为存量市场，制造商之间的竞争会越来越激烈和残酷。另一方面，协作机器人在服务业中的应用将有更多机会，可以概括为增量市场。医疗领域的需求主要以辅助手术、按摩、康复等场景为代表。协作机器人适合用作康复和假肢机器人，因为它具有安全性和机械臂模仿人类手臂的灵活性。商业服务领域的需求以智能零售、饭店、咖啡店、酒店、养老院等场景为代表。

与传统机器人相比，协作机器人最突出的优点是灵活性。为了进一步提高协作机器人的灵活性，将使用更灵活的夹具。这些末端执行器将越来越多地成为协作机器人应用的核心组件，配备末端执行器的协作机器人可以更好地实现一些新功能。

总而言之，协作机器人在未来的应用范围会更加广泛。随着技术的进步，协作机器人将有望能够思考、适应和判断。当协作机器人与人工智能技术深度融合后，它将获得类似人类的感知、认知、决策、交互、行动等能力，从而实现人-机器人智能协作。此外，随着服务场景的多样性和复杂性日益突出，协作机器人将朝着功能模块化和结构仿生化的方向发展，从而提高安全性和灵活性。在应用方面，协作机器人的应用集中在工业、辅助手术、康复、服务业、国防军工、航空航天等领域，以最大限度提高协作机器人的效益。协作机器人的研究和发展仍在进行中，未来将在经济、商业和技术领域显示出更加强大的优势。协作机器人的未来发展方向如下。

13.1 人工智能和协作机器人的融合

实际工作时，往往需要根据具体要求设置协作机器人的动作轨迹。如果任务已更改，则需要相应地重新调整机械臂的操作轨迹。随着人工智能的发展，人工智能技术的应用使机器人能够思考、适应和判断，从而降低用户参与决策的频率，使机器人更加智能。事实上，一些企业已经开始使用机器学习的方法来收集和分析人类、环境和机器人在不同任务下产生的交互数据，以创建更智能的生产系统。为了降低进入门槛，一些制造商还使用可用的技术，如自然语言识别，为协作机器人提供主要的语音控制和交互功能。感知是协作机器人与人类、环境以及机器人之间互动的基础。在感知技术方面，除了多传感信息融合仍然是一个研究热点之外，协作机器人正日益显示出与大脑神经科学、生物技术、人工智能、认知科学等技术深度交叉融合的趋势。未来，协作机器人和人工智能之间的进一步融合将更加关注基于动态环境理解的视觉认知和主动行为意图理解，以及自主机器人学习和多模态人机协作交互方法等，以实现协作机器人与人之间的相互理解、沟通和自然和谐的交互。

13.2 结构的模块化和仿生

目前，协作机器人主要用于结构化或半结构化环境，以替代人工生产。协作机器人的性能要求主要体现在运动控制精度、承载能力、可靠性和对环境的适应性。主流的六轴和七轴机械臂能够满足位移和基本操作。然而，协作机器人的关键在于能否完成更个性化和定制的任务，如更自由和自主地拾取较小的物体，以适应操作场景。随着制造业生产模式从大规模生产转向个性化定制，以及服务场景的多样性和复杂性日益凸显，协作机器人正朝着功能模块化和结构仿生的方向发展，以提高其安全性和灵活性，满足个性化场景的需求。

为使协作机器人在协作任务中具备更好的灵活性、自主性，协作机器人结构和驱动仿生化是重要的发展方向之一。具备仿生特点的刚柔耦合结构能够使协作机器人集成刚性支撑结构与柔性自适应结构的优势，通过柔性材料进行机器人机构设计，使协作机器人具备运动灵活、运动速度快、交互安全等特点。在驱动方面，协作机器人的驱动方式可以采用人工肌肉等仿生驱动形式，并实现驱动、结构、材料一体化，使协作机器人与生物形态更加接近。随着在感知信息融合、柔性结构振动控制等方面不断取得突破，协作机器人可实现稳定仿生运动、高效自主运动。

随着技术的发展，近年来人形机器人受到了广泛的关注。因为人类生活的整个物理世界就是基于人的形态设计的，各种场景、任务、设备、工具都是为人类量身打造的，所以把机器人做得像人，这样的身体结构和能力可以帮助机器人更好地融入人类生活的环境。国外的波士顿动力 Atlas，我国的小米 CyberOne（铁大）、优必选 WalkerX 等都有相关设计。2022 年10 月，特斯拉的人形机器人 Optimus（擎天柱）更是掀起了一波热潮。人形协作机器人的商业化落地有赖于传感器、具身智能、大语言模型等新技术。

13.3　混合协作机器人

未来的协作机器人可以配备自动引导车辆（AGV），形成混合协作机器人。将协作机器人与 AGV 相结合，协作机器人将不再局限于一个单位、地区和一种工作，而是被提升为生产中的自由机器人。这种混合协作机器人不仅可以进行各种过程之间的处理和调度，还可以根据生产扩展的需要将机器人部署到任意地点以参与生产。事实上，Universal cobot 在这一领域已有成功案例。这种混合协作机器人主要用于多工位装配和搬运工作。协作机器人可以很容易地与 AGV 一起安装，因此通用协作机器人支持修改，并为混合型协作机器人提供了完整的解决方案。此外，由于协作机器人的功耗低，因此可以增加 AGV 的续航时间。除了AGV 之外，由机械臂和自主移动机器人（AMR）组成的混合协作机器人（也称为移动操作机器人）也是未来发展的方向。与 AMR 相结合，由于移动操作技术对安全性的高要求，机械臂通常使用协作机器人以确保与人类一起工作时的安全。这种技术极大地提高了协作机器人的灵活性，使它不再局限于一个固定的站点，可以在多任务场景间快速切换。

13.4　认知与行为控制

面对日益复杂的人-机器人协作交互场景，人-机器人交互的研究工作在许多方面正面临着巨大挑战，如动态、部分未知的环境，需要理解和解释具有丰富语义的各种情况，与人类的物理交互需要精细的、低延时且稳定的控制策略，自然和多模态的交流方式，要求机器人具有任务理解与记忆能力，掌握常识规则等。目前一些研究从认知控制的角度对人-机器人交互过程中的机器人控制策略进行了研究，提高了机器人应对复杂交互场景的能力，使机器人真正具有类人的交互能力，这将是未来的研究热点。在认知心理学中，认知控制协调认知和执行过程，支持适应性反应和复杂的目标、任务导向行为。类似的机制可以应用于机器人系统中，以便灵活地执行复杂的非结构化任务。

Sandra Clara Gadanho 等在 2003 年的工作中，提出了一种既具有情感学习又具有认知学习的 ALEC-agent 结构，以使机器人具有适应现实环境的情感和认知决策能力。该结构基于CLARION 模型中提出的自适应规则决策系统，允许智能体以自下而上的方式从环境交互中学习决策规则。这种学习方式与人类的学习方式非常相似，人类具有学习、更新、收集和利用在日常生活与环境相互作用的过程中获得基于规则的知识的能力，如通过观察玻璃从桌子上掉下来摔碎，人类获得了玻璃易碎的知识。Séverin Lemaignan 等提出了一组关键的决策策略，以便认知机器人能够成功地与人类共享空间和任务，包括：几何推理和情境评估，多智能体（人类和机器人）知识模型的获取和表示，情境、自然的和多模态交流；以人类为中心的任务规划（Human-Aware Task Planning），人-机器人联合任务实现。实验结果表明，该方法最终展示了显性知识管理（包括符号和几何知识管理），能够帮助机器人控制系统实现更丰富、更自然的人机交互。

同时，在人机交互场景中，任务执行过程中的意图理解和协作是关键问题。由于人类行为的不可预测性和模糊性，交互式机器人系统需要根据用户的行为不断地解释其意图和目标，进而适应其执行和交流过程。Riccardo Caccavale 等在 2016 年提出了一个集成系统，该系统利用注意力机制，灵活地适应多模态人机交互中的规划和执行过程。2017 年他们又提出了一种模仿学习和灵活执行双臂结构化任务的框架。该框架利用模仿学习和注意力监控来学习一组运动基元和任务结构。人类的演示被自动分割成运动基元，这些运动基元由一个将它们与一个分层任务结构相关联的注意力系统来监控。此外，长期记忆（LTM）和工作记忆（WM）也被用来描述任务和行为，以便于任务的分割、调节和执行。Riccardo Caccavale 等在 2018 年提出了一个框架，允许机械手学习如何根据人类演示执行结构化任务。该框架将物理人机交互与注意力监控相结合，以支持拖动示教、增量学习和分层任务的协同执行。在此框架中，人类的示范按照任务结构被自动分割成基本动作，由一个监督整体交互过程的注意力系统来完成。注意力系统允许在不同的抽象层次上跟踪人类的示范，并支持在教学和执行阶段的隐性非语言交流。另外，注意力系统使机器人能够有效地快速学习和灵活地执行结构化任务。Jonathan Cacace 等在 2018 年提出假设：交互任务能够显式地表示为分层任务网络，以利用人类的拖动指引学习并执行交互任务。在这种情况下，机器人系统不断地解释人类的指导，以推断它是否与计划的活动相一致。然后，该解释被机器人系统利用，以指导它在执行协作任务期间的合作行为。根据估计的操作者意图，机器人系统可以调整任务或动作，同时调节机器人的顺应性，以便跟随或引导人类伙伴。该方法在一个由 KUKA LBR iiwa 机械臂以及执行协同操作任务的操作人员组成的测试场景中得到了验证。试验结果表明了该方法的可行性和有效性。Riccardo Caccavale 等在 2019 年提出了一个机器人认知控制的框架，该框架被赋予了注意力调节和任务执行的功能。同时，还提出一种方法，学习如何利用自上而下和自下而上的注意力规则来指导分层结构任务的执行。

协作机器人将应用于越来越复杂的非结构化场景中，从认知控制的角度提高人-机器人交互过程中的控制效果将是未来研究方向的必然发展趋势。具体来说，将人的注意力控制系统、长短时记忆系统、规则推理和知识表征能力、社会认知能力以及认知发展能力等引入到人-机器人交互的控制策略中，对于提高机器人的类人交互能力具有重要的意义。认知控制目前仍然处于研究当中，对于认知控制架构的探索是未来一段时间的研究热点。随着认知科学和认知控制领域的发展和进步，人-机器人交互过程的控制效果将得到进一步提高，同时也将有更多问题值得进一步被研究和探索。

"认知"一词没有一个共同的、无争议的定义。有人用它来表示人类智力的高级能力，如计划、语言、想象力和意识，其他还包括感知、记忆和选择性注意力等能力。还有一些人将"认知"的含义扩展到以有助于实现智能体目标的方式调节智能体与环境之间互动的所有过程。

通过进化和强化学习方法训练的机器人可以通过仅依靠传感器提供的输入和标量值来发展行为和认知技能，该标量值通过适应度或奖励函数自动计算出它们的表现。通过演示学习训练的机器人需要更多信息，即从演示行为中提取每一步要产生的动作的详细描述。

自监督学习表示一种监督学习的形式，是指在没有人为干预的情况下，基于输入向量自动生成期望的输出向量。

第一类自监督网络是自动编码器，即前馈网络，其训练为产生与输入向量相同的输出向量，其中输入向量由观测值组成。当形成内层的神经元的数量低于输入向量的大小时，输入向量中包含的信息被压缩成更小的内部向量。压缩旨在提取出输入向量元素中以共同变化的方式进行编码的特征。此外，压缩允许滤除噪声并生成部分丢失的信息。

第二类由预测器网络构成，训练预测器网络，以产生 $t+1$ 时刻的状态预测值作为输出。这些网络可用于从预测未来状态的输入向量中提取特征，并滤除噪声。

第三类由前向模型网络构成，即经过训练以基于当前观察和代理将要执行的动作来预测下一个观察的网络。作为预测网络，这些网络在其内部神经元中提取关于未来状态的信息。更具体地说，它们允许预测机器人的动作对机器人感知环境产生影响。

第四类由序列到序列网络构成，即经过训练以产生当前和前 $n-1$ 个步骤期间经历的最后 n 个观察结果作为输出的网络。网络首先接收 n 个观测序列，一次一个向量，然后在其输出中再现相同的序列。这些网络提取观测值随时间变化的信息。

预测器、前向模型和序列到序列网络是用递归神经网络实现的。通过将用进化或强化学习算法训练的控制网络与通过自我监督学习训练的一个或多个特征提取网络相结合，可以提高自适应方法的效率。特征提取网络用于从观测中提取有用的特征，控制网络用于将前一网络提取的特征映射到适当的动作。

13.5　人机混合智能系统

随着机器人系统的不断发展和在各行业的深度应用，其实际应用场景的需求也逐步增加，而人工智能技术的引入从一定程度上提高了机器人的智能程度，但是这一类机器人系统在动态且复杂的人机协同任务中，仍具有非常大的局限性。人机混合智能系统（简称人机智能系统）则是面向复杂人机协同应用场景的智能机器人系统，其核心技术用来挑战如何融合人类智能和机器智能以实现自然、安全、鲁棒的人机交互与协同，并解决实际应用场景和任务中人机协同的不确定性、脆弱性和开放性等难题。

人机智能系统的发展大致可以分为 4 个阶段，包括人机系统阶段、人在回路阶段、人在环上阶段和人在环外阶段，分别对应机械时代、信息时代、智能时代和无人时代。

在人机智能系统发展初期，电动轮椅和汽车等可人为操控的人机系统是该阶段人机系统的典型案例，这一类人机系统的智能性较差，一般直接通过人机操作接口的方式实现人类对机器的控制。在人在回路阶段，人机智能系统的特点是人和机器人能通过物理交互和任务分类的方式，提升人机协同任务执行过程中的精确性和安全性，这类人机智能系统以手术机器人和工业协作机器人为代表。在人在环上阶段，人机智能系统除了需要考虑协同任务的复杂程度外，还需要解决操作者、使用者能力缺失或不足导致的人机交互失效问题。这类人机智能系统通过建立物理和认知双向交互通道，并结合机器人的环境感知和理解能力，实现复杂场景和人机协同任务中的混合决策，其代表为外骨骼机器人、人机共驾系统。在人在环外阶段，人机智能系统主要以机器人为主进行感知、决策和控制，其代表为无人车。严格意义上讲，不存在完全人在环外的人机系统。

中国工程院院士郑南宁在一次学术沙龙上谈到："作为一种可以引领多个学科领域、有望产生颠覆性变革的技术手段，人工智能技术的有效应用，意味着价值创造和竞争优势。然而，人类社会还有许许多多脆弱的、动态的、开放的问题，人工智能还都束手无策，从这个意义上讲，任何智能机器都没有办法去替代人类，因此有必要将人类的认知能力或人类认知模型引入人工智能系统中，来开发新形式的人工智能，这就是'混合智能'。"郑南宁院士等将混合智能的形态分为两种基本实现形式：人在回路的混合增强智能和基于认知计算的混合增强智能。人在回路的混合增强智能是指需要人参与交互的一类智能系统。潘云鹤院士认为,把人的作用引入智能系统的计算回路,可以把人对模糊、不确定问题分析与响应的高级认知机制与机器智能系统紧密耦合,使得两者相互适应,协同工作,使人的感知与认知能力和计算机强大的运算与存储能力相结合,形成"1+1>2"的混合增强智能形态,典型实例有人机共驾研究。基于认知计算的混合增强智能是指通过模仿人脑功能提升计算机的感知、推理和决策能力的智能软件或硬件,以更准确地建立像人脑一样能感知、推理和响应激励的智能计算模型,尤其是建立因果模型、知觉推理和联想记忆的新计算框架,类脑智能研究是这种形式的典型。

13.6 人机协同智能增强

尽管自主机器人取得了实质性进展,但在制造业、结构健康监测、运输、医疗保健和航空航天等领域的应用中,人类参与仍然是重要组成部分。大多数机器人都是脆弱的,需要人为干预来处理它们无法通过设计、编程处理的情况。同时,人类在高级决策方面具有优势,在复杂、动态和不确定的环境中执行认知任务时具有显著优势。然而,人类不善于处理大量数据,也不善于长时间保持注意力。工人参与重复性任务会感到乏味,繁重的工作会导致效率低下,并对工人的健康和安全产生不利影响。在制造业,将机器进行精确和可重复操作的能力与人类的视觉、感觉、触觉和思考能力相结合,可提高效率、质量、灵活性和系统处理紧急情况的能力,从而使在制造工厂工作的装配工和制造工可以从重复和繁重的工作中解脱出来。轻量级协作机器人,如 Rethink Robotics Baxter、Universal Robotics UR5 和 UR10、KUKA iiwa、Kinova JACO 和 MICO,已被开发用于在装配线上与工人并肩工作。在交通系统领域,V2X 和机器学习技术已经实现了联网和自动驾驶,人类成为可以干预操作的主管,并负责联合驾驶汽车系统的行动。在医疗保健领域,辅助机器人、康复机器人和远程手术技术在更好地帮助患者和医生方面取得了重大进展。在航天领域,地面人员、在轨机组人员和宇航员需要监督和协助远程机器人(如 Robonaut 2、Astrobee)进行更有效的人机交互,以提高人类探索任务的效率和生产力。潜在的军事应用包括巡逻和监视、侦察、运动规划、轨迹跟踪和作战,在这些应用中,人类单独执行任务是危险的,而人机协作是最有益的。

因为所有自主机器人都是人-机协同系统,在某种程度上由人类监督,所以人类和机器人的协调(coordination)和协作(collaboration)是获得最佳能力的方式。目前已经对人机交互及其姊妹领域,即人-计算机交互(HCI)和人-机交互(HMI)的发展进行了大量研究。鉴于多学科的性质,下面简要总结系统和控制、人工智能(AI)、机器人和人为因素工程方面相关工作的最新进展。人在回路方法将人为因素制定为自主智能体的外部输入,并将它嵌入控制框架。然而,这些任务通常需要持续的人类注意力。一些先驱控制理论研究已被用于研究人类决策过程的建模、基于动态排队的工作量管理以及并行的手动和自主控制。情感计算的概念是在其中被提出的,指的是与人的情感相关、产生于人的情感并故意影响人的情感的计算。特别是,基于注意力的控制已被用于人机交互。这一研究领域的动机来自于通过模仿人类的认知能力来增强机器学习算法。情感计算的主要领域是监控、社会援助和娱乐。人工智能最新的研究趋势包括混合主动交互,它强调人-机器人相互理解和解释彼此的主动性,此外,机器人还具有识别人类需求和选择干预点以承担多样化人机协同任务的能力。在机器人技术中，自主操作和远程操作的结合形成了远程自主方法，人类和机器人可在不同位置工作。然而，远程自主系统的使用水平还比较低。

充分利用人机协作系统的潜力将彻底改变日常生活。然而，由于人机交互中现存的大多数工作都是定性和描述性的，并且仍然高度专业化，专注于人机界面（HMI）设计。因此，它们可能与控制和决策理论中使用的定量和严格的数学语言不兼容。

虽然控制理论能够提供系统级预测和性能保证，但现有方法几乎没有考虑人类和自主系统之间的相互作用，并且不直接适用。有效的人机协作模型建模、分析和实施，尤其是实时机器人操作，在很大程度上仍然是一个开放的问题。人机协作系统控制中出现的一个基本问题是通过协作确保和提高机器人性能，同时保持人的安全和舒适。控制和决策算法必须能够量化机器人系统的不同特征以及人为因素，以便分析关节系统性能。因此，研究将人的因素与控制理论的典型调节机制和决策理论的理性推理机制相结合，将在系统和控制研究中开辟一个改变游戏规则的领域。值得注意的是，尽管人机协作系统有时可以被视为与人机交互相同的研究主题，但这两个术语具有不同的含义。人机交互是一个更通用的术语，包括协作，而人机协作仅指人类和机器人一起工作，以实现共同目标。"协作"的定义有多种：共同工作、实现共同目标和分担任务负担。

协作机器人的主要应用前景是在多个领域中代替人，因而被期望可以具备类似人的高层次智能，可以基于现有经验和知识进行的无监督学习，而当前协作机器人的智能依赖于基于大量样本进行的有监督学习，不具备类似人的高度的自主学习能力。协作机器人在工作中需要与人进行丰富的交互，人作为机器人的协作和服务对象，人的感受是协作机器人工作成效的重要依据，因此协作机器人的智能需要与人的智能相协同。将人的认知模型或者人的作用引入协作机器人的智能，形成人在回路的混合增强智能，通过人的介入，调整协作机器人的技能策略，构成机器人智能水平提升的反馈回路，实现人的高度自主学习能力、分析能力、认知能力与机器人的强运算能力和高操控精度的紧耦合，使协作机器人具备更高层级智能水平，胜任更加复杂的人机协作任务。因此，充分利用人工智能，尤其是新一代人工智能的赋能作用，在感知、认知、决策、行动等各个环节充分融合人、机器人的各自优势，实现人机协同智能操控，这将是未来人机协作系统的重要发展趋势。

参 考 文 献

［1］ 中国机械工业联合会. 机器人与机器人装备 协作机器人：GB/T 36008—2018［S］. 北京：中国标准出版社，2018.

［2］ 付乐，武睿，赵杰. 协作机器人安全规范：ISO/TS 15066 的演变与启示［J］. 机器人，2017，39（4）：532-540.

［3］ 吴丹，赵安安，陈恳，等. 协作机器人及其在航空制造中的应用综述［J］. 航空制造技术，2019，62（10）：24-34.

［4］ RAIBERT M H, CRAIG J J. Hybrid position/force control of manipulators［J］. Journal of Dynamic Systems, Measurement, and Control, 1981, 103（2）：126-133.

［5］ HOGAN N. Impedance control-an approach to manipulation：part Ⅰ theory［J］. Journal of Dynamic Systems Measurement and Control-Transactions of the ASME, 1985, 107（1）：1-7.

［6］ HOGAN N. Impedance control-an approach to manipulation：part Ⅱ implementation［J］. Journal of Dynamic Systems Measurement and Control-Transactions of the ASME, 1985, 107（1）：8-16.

［7］ HOGAN N. Impedance control-an approach to manipulation：part Ⅲ applications［J］. Journal of Dynamic Systems Measurement and control-Transactions of the ASME, 1985, 107（1）：17-24.

［8］ 梅雪松，刘星，赵飞，等. 协作机器人外力感知与交互控制研究现状及展望［J］. 航空制造技术，2020，63（9）：22-32.

［9］ LIU X, ZHAO F, GE S S, et al. End-effector force estimation for flexible-joint robots with global friction approximation using neural networks［J］. IEEE Transactions on Industrial Informatics, 2018, 15（3）：1730-1741.

［10］ 毕欣. 自主无人系统的智能环境感知技术［M］. 武汉：华中科技大学出版社，2020.

［11］ 张秋菊，吕青. 机器人多模态智能操作技术研究综述［J］. 计算机科学与探索，2023，17（4）：792-809.

［12］ ALBU-SCHÄFFER A, OTT C, HIRZINGER G. A unified passivity-based control framework for position, torque and impedance control of flexible joint robots［J］. The International Journal of Robotics Research, 2007, 26（1）：23-39.

［13］ SADEGHIAN H, VILLANI L, KESHMIRI M, et al. Task-space control of robot manipulators with null-space compliance［J］. IEEE Transactions on Robotics, 2013, 30（2）：493-506.

［14］ OTT C, ALBU-SCHAFFER A, KUGI A, et al. On the passivity-based impedance control of flexible joint robots［J］. IEEE Transactions on Robotics, 2008, 24（2）：416-429.

［15］ LI Y, GE S S. Human-robot collaboration based on motion intention estimation［J］. IEEE/ASME Transactions on Mechatronics, 2013, 19（3）：1007-1014.

［16］ LI Y, TEE K P, CHAN W L, et al. Continuous role adaptation for human-robot shared control［J］. IEEE Transactions on Robotics, 2015, 31（3）：672-681.

［17］ BUERGER S P, HOGAN N. Complementary stability and loop shaping for improved human-robot interaction ［J］. IEEE Transactions on Robotics, 2007, 23 (2): 232-244.

［18］ TSUMUGIWA T, YOKOGAWA R, HARA K. Variable impedance control based on estimation of human arm stiffness for human-robot cooperative calligraphic task ［C］//Proceedings 2002 IEEE International Conference on Robotics and Automation. New York: IEEE, 2002.

［19］ FICUCIELLO F, VILLANI L, SICILIANO B. Variable impedance control of redundant manipulators for intuitive human: robot physical interaction ［J］. IEEE Transactions on Robotics, 2015, 31 (4): 850-863.

［20］ LI Y, GANESH G, JARRASSÉ N, et al. Force, impedance, and trajectory learning for contact tooling and haptic identification ［J］. IEEE Transactions on Robotics, 2018, 34 (5): 1170-1182.

［21］ LI X, LIU Y, YU H. Iterative learning impedance control for rehabilitation robots driven by series elastic actuators ［J］. Automatica, 2018, 90: 1-7.

［22］ YANG C, GANESH G, HADDADIN S, et al. Human-like adaptation of force and impedance in stable and unstable interactions ［J］. IEEE Transactions on Robotics, 2011, 27 (5): 918-930.

［23］ FRANKLIN D W, BURDET E, TEE K P, et al. CNS learns stable, accurate, and efficient movements using a simple algorithm ［J］. The Journal of Neuroscience, 2008, 28 (44): 11165-11173.

［24］ MATINFAR M, HASHTRUDI-ZAAD K. Optimization-based robot compliance control: Geometric and linear quadratic approaches ［J］. International Journal of Robotics Research, 2005, 24 (8): 645-656.

［25］ LI Y, TEE K P, YAN R, et al. A framework of human-robot coordination based on game theory and policy iteration ［J］. IEEE Transactions on Robotics, 2016, 32 (6): 1408-1418.

［26］ MODARES H, RANATUNGA I, LEWIS F L, et al. Optimized assistive human-robot interaction using reinforcement learning ［J］. IEEE Transactions on Cybernetics, 2015, 46 (3): 655-667.

［27］ VEMPRALA S, BONATTI R, BUCKER A, et al. ChatGPT for robotics: Design principles and model abilities ［J］. Microsoft Autonomous Systems and Robotics Research, 2023, 2: 1-25.

［28］ ALAMI R, ALBU-SCHAEFFER A, BICCHI A, et al. Safe and dependable physical human-robot interaction in anthropic domains: State of the art and challenges ［C］//2006 IEEE/RSJ International Conference on Intelligent Robots and Systems. New York: IEEE, 2006.

［29］ 刘星. 机器人-环境交互过程动态行为的关键控制方法研究 ［D］. 西安: 西安交通大学, 2019.

［30］ LIU X, GE S S, ZHAO F, et al. Optimized impedance adaptation of robot manipulator interacting with unknown environment ［J］. IEEE Transactions on Control Systems Technology, 2020, 29 (1): 411-419.

［31］ LIU X, GE S S, ZHAO F, et al. Optimized interaction control for robot manipulator interacting with flexible environment ［J］. IEEE/ASME Transactions on Mechatronics, 2020, 26 (6): 2888-2898.

［32］ 刘乃军, 鲁涛, 蔡莹皓, 等. 机器人操作技能学习方法综述 ［J］. 自动化学报, 2019, 45 (3): 458-470.

［33］ LI B, LIU X, LIU Z, et al. Episode-fuzzy-COACH method for fast robot skill learning ［J］. IEEE Transactions on Industrial Electronics, 2023: 1-10.

［34］ HEGGEM C, WAHL N M, TINGELSTAD L. Configuration and control of KMR iiwa mobile robots using ROS2 ［C］//2020 3rd International Symposium on Small-scale Intelligent Manufacturing Systems (SIMS). New York: IEEE, 2020.

［35］ HUANG Y, ROZO L, SILVÉRIO J, et al. Kernelized movement primitives ［J］. International Journal of Robotics Research, 2019, 38 (7): 833-852.

［36］ PARASCHOS A, DANIEL C, PETERS J R, et al. Probabilistic movement primitives ［J］. Advances in Neural Information Processing Systems, 2013, 2: 2616-2624.

［37］ AJOUDANI A, ZANCHETTIN A M, IVALDI S, et al. Progress and prospects of the human-robot collaboration［J］. Autonomous Robots, 2017, 42: 957-975.

［38］ DING H, YANG X, ZHENG N, et al. Tri-Co Robot: a Chinese robotic research initiative for enhanced robot interaction capabilities［J］. National Science Review, 2018, 5 (6): 799-801.

［39］ ALBU-SCHÄFFER A, HADDADIN S, OTT C, et al. The DLR lightweight robot: design and control concepts for robots in human environments［J］. Industrial Robot: an international journal, 2007, 34 (5): 376-385.

［40］ CALANCA A, MURADORE R, FIORINI P. A review of algorithms for compliant control of stiff and fixed-compliance robots［J］. IEEE/ASME Transactions on Mechatronics, 2015, 21 (2): 613-624.

［41］ SERAJI H. An on-line approach to coordinated mobility and manipulation［C］//Proceedings IEEE International Conference on Robotics and A utomation. New York: IEEE, 1993.

［42］ OTT C, MUKHERJEE R, NAKAMURA Y. A hybrid system framework for unified impedance and admittance control［J］. Journal of Intelligent & Robotic Systems: Theory & Application, 2015, 78 (3/4): 359-375.

［43］ SENTIS L, KHATIB O. Synthesis of whole-body behaviors through hierarchical control of behavioral primitives［J］. International Journal of Humanoid Robotics, 2005, 2 (4): 505-518.

［44］ LIU X, WANG G, LIU Z, et al. Hierarchical reinforcement learning integrating with human knowledge for practical robot skill learning in complex multi-stage manipulation［J］. IEEE Transactions on Automation Science and Engineering, 2023: 1-11.

［45］ 黄海丰, 刘培森, 李擎, 等. 协作机器人智能控制与人机交互研究综述［J］. 工程科学学报, 2022, 44 (4): 780-791.

［46］ CACCAVALE R, CACACE J, FIORE M, et al. Attentional supervision of human-robot collaborative plans［C］//IEEE International Symposium on Robot and Human Interactive Communication. New York: IEEE, 2016.

［47］ GADANHO S C. Learning behavior-selection by emotions and cognition in a multi-goal robot task［J］. Journal of Machine Learning Research, 2003, 4 (4): 385-412.

［48］ LEMAIGNAN S, WARNIER M, SISBOT E A, et al. Artificial cognition for social human-robot interaction: An implementation［J］. Artificial Intelligence: An International Journal, 2017, 247: 45-69.

［49］ ALAMI R, CLODIC A, CHATILA R, et al. Reasoning about humans and its use in a cognitive control architecture for a collaborative robot［C］//Cognitive Architectures for Human-robot Interaction Workshop 2014. New York: IEEE, 2014.

［50］ ZHENG N, LIU Z, REN P, et al. Hybrid-augmented intelligence: collaboration and cognition［J］. Frontiers of Information Technology & Electronic Engineering, 2017, 18 (2): 153-179.